ALIANZA MUNDIAL DE LA JUVENTU|

MW01610548

Insignia de los Suelos

Desarrollada en colaboración con:

Organización de las Naciones
Unidas para la Alimentación
y la Agricultura

SCOUTS
Creating a Better World

Convention on
Biological Diversity

GLOBAL SOIL
PARTNERSHIP

UNCCD
United Nations Convention
to Combat Desertification

La Asociación Mundial de las Guías Scouts (AMGS) y la Organización Mundial del Movimiento Scout (OMMS) recomiendan esta insignia educativa para su uso por guías y scouts de todo el mundo, adaptándola a sus necesidades y requerimientos locales como sea necesario.

ORGANIZACIÓN DE LAS NACIONES UNIDAS PARA LA ALIMENTACIÓN Y LA AGRICULTURA | 2017

CONTENIDOS

CURRÍCULO DE LA INSIGNIA DEL SUELO

RECURSOS E INFORMACIÓN ADICIONAL

> **El suelo es esencial para la vida** – provee nutrientes, agua y minerales a las plantas y a los árboles y es hogar de millones de insectos, bacterias y animales pequeños.

Sin el suelo, no podríamos producir ningún cultivo u otras plantas útiles, sustentar al ganado u obtener materiales para construir refugios - ¡el suelo es realmente un dador de vida! Los suelos saludables también almacenan y filtran el agua, reciclan los nutrientes y nos ayudan a tratar con los efectos negativos del cambio climático al almacenar grandes cantidades de carbono. Pero nuestros suelos están en peligro; las acciones negativas, como la contaminación y las malas prácticas agrícolas, dejan a nuestros suelos expuestos y dañados. Necesitamos suelos saludables para sustentar el bienestar humano y tener un planeta sano.

Aquí es donde entra la Insignia de los Suelos: ¡deja que te lleve en un viaje para descubrir el suelo debajo de tus pies! Este folleto está lleno de actividades para ayudarte a aprender sobre el suelo y cómo se forma, las criaturas que viven en él y cuán importante es en nuestras vidas diarias. También descubrirás cómo TÚ puedes tener un rol en la protección de los suelos para las futuras generaciones. Esperamos que estés inspirado a tomar el desafío y a celebrar a los suelos de nuestro planeta. ¡Empieza a cavar!

Anggun

Debi Nova

Carl Lewis

Fanny Lu

Lea Salonga

Nadeah

Noa (Achinoam Nini)

Percance

Valentina Vezzali

¡MANTÉNGANSE SANOS Y SALVOS!

QUERIDO DIRIGENTE, MAESTRO O PROFESOR:

Las Insignias están diseñadas para apoyarle en el emprendimiento de actividades educativas. Sin embargo, como estará implementando estas actividades en contextos y ambientes diferentes, depende de usted garantizar que las actividades que elija sean apropiadas y seguras.

CUIDA DE TI MISMO

* Lávate las manos minuciosamente después de cada actividad. Algunos suelos pueden contener químicos e insectos dañinos, así que es muy importante que mantengas tus manos limpias. Tal vez incluso desees usar guantes.

* Ten cuidado con los insectos y los animales pequeños cuando manipules la tierra - algunos de estos pueden morder.

* Usa siempre guantes cuando manipules basura o desechos.

* No comas cosas que encuentres a menos que estés completamente seguro de que no son venenosas.

* No bebas agua de fuentes naturales a menos que estés seguro de que es pura.

* No observes el sol directamente.

* En algunas actividades tienes la opción de subir fotografías o videos a sitios Web como YouTube. Asegúrate siempre de tener la autorización de todos los que aparecen en las fotografías o videos, y/o de sus padres, antes de publicar algo en línea.

Por favor planifique las actividades cuidadosamente y llévelas a cabo con suficiente apoyo adulto para garantizar la seguridad de los participantes, especialmente al estar cerca del agua o del fuego. Por favor considere las precauciones generales de los recuadros inferiores y evalúe con cuidado cuáles medidas de seguridad adicionales se deberán tomar en cuenta antes de realizar cualquier actividad.

CUIDA AL MUNDO NATURAL

* Trata a la naturaleza con respeto.

* Es mejor dejar a la naturaleza tal como la encontraste. Nunca tomes especies protegidas. Pide autorización antes de recolectar plantas, recoger flores o tomar una muestra de suelo. Toma sólo lo que en realidad necesitas y asegúrate de dejar al menos un tercio de cualquier cosa que encuentres en la naturaleza.

* Minimiza tu impacto: permanece en los senderos establecidos si estás caminando por medio de la naturaleza, rellena cuidadosamente cualquier hoyo que caves en el suelo y ten cuidado de no introducir alguna especie invasora (no nativa) a un hábitat.

* Ten cuidado si estás trabajando con animales. Usa protección si es necesario. Sé gentil. Asegúrate de que los animales tengan alimento, agua, refugio y aire apropiados. Cuando termines, regrésalos al lugar donde los encontraste.

* No dejes ninguna basura. Recicla o reúsa los materiales utilizados en las actividades tanto como sea posible.

LA
SERIE DE INSIGNIAS

Desarrolladas en colaboración con las agencias de las Naciones Unidas, la sociedad civil y otras organizaciones, las Insignias de la YUNGA buscan despertar conciencia, educar y motivar a los jóvenes a cambiar su comportamiento y a ser agentes de cambio activos en sus comunidades locales. La serie de insignias puede ser usada por maestros o profesores en clases escolares, por dirigentes juveniles y especialmente por grupos de guías o scouts.

Para ver las insignias existentes visite www.fao.org/yunga. Para obtener información sobre nuevas publicaciones y otras noticias de la YUNGA, regístrese para recibir el boletín informativo gratuito de la YUNGA al enviar un correo electrónico a yunga@fao.org.

La YUNGA ha desarrollado o está actualmente trabajando en insignias sobre los siguientes temas:

AGRICULTURA: ¿cómo podemos cultivar alimentos de forma sostenible?

BIODIVERSIDAD: ¡asegurémonos de que no desaparezca ninguno más de los gloriosos animales y plantas del mundo!

CAMBIO CLIMÁTICO: ¡unámonos a la lucha contra el cambio climático y por un futuro con seguridad alimentaria!

ENERGÍA: el mundo necesita un medio ambiente saludable, al igual que electricidad - ¿cómo podemos tener ambos?

BOSQUES: los bosques proveen un hogar para millones de especies de plantas y animales, ayudan a regular la atmósfera y nos proporcionan recursos esenciales. ¿Cómo podemos garantizar que tengan un futuro sostenible?

GÉNERO: ¿qué acciones se pueden tomar para crear un mundo más igualitario y justo para las niñas y los niños, las mujeres y los hombres?

GOBERNANZA: descubre cómo la toma de decisiones puede afectar tus derechos y la igualdad entre las personas alrededor del mundo.

HAMBRE: tener suficientes alimentos para comer es un derecho humano básico. ¿Qué podemos hacer para ayudar a los mil millones de personas que todavía pasan hambre cada día?

NUTRICIÓN: ¿qué es una dieta saludable y cómo podemos elegir alimentos que sean ecológicamente sanos?

EL OCÉANO: el océano es fascinante y asombroso. Ayuda a regular las temperaturas en la Tierra, nos proporciona recursos y mucho, mucho más.

SUELOS: nada crece sin un buen suelo. ¿Cómo podemos cuidar de la tierra bajo nuestros pies?

AGUA: el agua es vida. ¿Qué podemos hacer para salvaguardar este precioso recurso?

INTRODUCCIÓN

9

CAMBIO DE COMPORTAMIENTO

Nosotros trabajamos con personas jóvenes porque deseamos apoyarlas para que lleven unas vidas plenas, ayudarlas a prepararse para sus futuros y para que confíen en que pueden hacer una diferencia en el mundo. La mejor forma de hacer esta diferencia es alentar a los jóvenes a que adopten cambios de comportamiento a largo plazo. Muchos problemas sociales y medio ambientales actuales son causados por comportamientos humanos poco saludables o insostenibles. La mayoría de personas necesita adaptar su comportamiento, y no sólo a lo largo de la duración de un proyecto como trabajar en esta insignia, sino para toda la vida. Hoy en día muchos jóvenes saben que hacer el bien es más que una actividad extracurricular: se trata sobre cómo llevas tu vida. Pequeños cambios en nuestro comportamiento diario de verdad nos pueden ayudar a crear un futuro más brillante.

Entonces, ¿qué puede hacer?

Existen algunas formas comprobadas de promover el cambio de comportamiento, así que trate de hacer lo siguiente para incrementar el impacto a largo plazo de esta insignia:

ENFÓQUESE EN UN CAMBIO DE COMPORTAMIENTO ESPECÍFICO Y ALCANZABLE Priorice actividades que tengan como meta un cambio de comportamiento muy claro y específico (por ej., 'desecha toda la basura apropiada y cuidadosamente y reutiliza y recicla lo que puedas', en lugar de 'mantén tu medio ambiente limpio').

ALIENTE LA PLANIFICACIÓN PARA LA ACCIÓN Y EL EMPODERAMIENTO Ponga a los jóvenes a cargo: permítales elegir sus propias actividades y planificar la forma en la que desean llevarlas a cabo.

DESAFÍE EL COMPORTAMIENTO ACTUAL Y ENFRENTE LAS BARRERAS PARA LA ACCIÓN Aliente a los participantes a escudriñar su comportamiento actual y a pensar en cómo pueden cambiarlo. Todos tienen excusas sobre por qué no se comportan de un cierto modo: falta de tiempo, falta de dinero, no saber qué hacer... la lista sigue. Anime a los jóvenes a discutir sobre estas excusas y luego a encontrar una forma de evitarlas.

PRACTIQUE HABILIDADES PARA LA ACCIÓN ¿Les gustaría tomar el transporte público más seguido? Recolecten y practiquen leyendo las tablas de horarios, tracen las rutas en un mapa, caminen hasta la parada del autobús, averigüen cuál es la tarifa y realicen un viaje de prueba. ¿Les gustaría alimentarse más saludablemente? Prueben muchos tipos de alimentos saludables para que vean cuáles les gustan, experimenten con recetas, aprendan a leer las etiquetas de los alimentos, creen planificadores de comidas y visiten los supermercados para encontrar alimentos saludables en sus estanterías. Continúen practicando hasta que se transforme en un hábito.

PASE TIEMPO AL AIRE LIBRE Nadie va a cuidar algo que no le importa. El tiempo que pasan en los ambientes naturales -sea en el parque local o en la prístina vida silvestre- alienta una conexión emocional con el mundo natural, la cual ha demostrado conducir a un comportamiento más pro-ambiental.

INVOLUCRE A LAS FAMILIAS Y A LAS COMUNIDADES ¿Por qué cambiar el comportamiento de una persona joven solamente cuando podría cambiar el comportamiento de toda su familia o incluso de toda la comunidad? Difundan su mensaje más ampliamente: muestren lo que han estado haciendo por la comunidad local y aliente a los jóvenes a que insistan a sus familias o amigos para que se unan. Para un impacto aún mayor, tórnense políticos y ejerzan presión sobre su gobierno local o nacional.

HAGA UN COMPROMISO PÚBLICO Es mucho más probable que las personas hagan algo si acuerdan hacerlo en frente de testigos o en una declaración escrita - ¿por qué no sacar ventaja de esto? Es más probable que los jóvenes alcancen sus objetivos si los comparten con la familia y los amigos que les apoyan y les comprometen a hacerse responsables por sus acciones.

MONITOREE EL CAMBIO Y CELEBRE EL ÉXITO ¡El cambio de comportamiento es un trabajo duro! Revise las tareas regularmente para monitorear los logros y recompensar el éxito continuo de una forma apropiada.

LIDERE CON EL EJEMPLO Los jóvenes con los cuales trabaja le admiran. Ellos le respetan, les interesa lo que piensa y quieren hacerle sentir orgulloso. Si desea que ellos adopten el comportamiento que usted está proponiendo, entonces debe liderar con el ejemplo y realizar esos cambios usted mismo.

INTRODUCCIÓN

LA INSIGNIA CON SU GRUPO

Además de las sugerencias de las pp. 10-11 para alentar el cambio de comportamiento, las siguientes ideas le ayudarán a desarrollar un programa para que pueda emprender la insignia con su grupo.

PASO 1 INVESTIGUE

Anime a su grupo a aprender acerca del suelo - sobre cómo una pequeña capa de la superficie de la Tierra sustenta a toda la vida en el planeta y sobre los riesgos que correremos si no empezamos a cuidarla. Este video llamado 'El Valor del Suelo' proporciona un útil resumen: **www.youtube.com/watch?v=3ryc845 11QE&list=PLsQcCFzasV6rT0iINDbDF8mSgwHkL3JPD**. Empiece por despertar la conciencia de los participantes sobre nuestra dependencia del suelo: el suelo juega un papel esencial en la producción de la mayoría de nuestros alimentos, de nuestro combustible y de las fibras que usamos para la vestimenta y los textiles; el suelo provee la base para la belleza natural en nuestros medio ambientes; el suelo ayuda en la regulación del agua y de los gases atmosféricos y secuestra el carbono. Asegúrese de que entiendan que el suelo es un recurso no renovable en la línea del tiempo humana y que las actividades humanas están causando una severa degradación del suelo en diferentes partes del mundo. Explique cómo esta degradación afecta a las vidas y a los medios de subsistencia de las personas y a ecosistemas enteros. Luego, discuta con su grupo sobre cómo nuestras elecciones y acciones individuales pueden ayudar a hacer una diferencia positiva.

PASO 2 SELECCIONE

Aparte de las actividades obligatorias, las cuales garantizan que los participantes entiendan los conceptos y las cuestiones básicas relacionadas con el suelo, se alienta a los participantes a seleccionar las actividades que mejor se ajusten a sus necesidades, intereses y cultura. Tanto como sea posible, permita que los participantes elijan las actividades que deseen llevar a cabo. Algunas actividades se pueden realizar individualmente y otras en grupos pequeños. Si usted tiene otra actividad que es particularmente apropiada para su grupo o área, también puede incluirla como una opción adicional.

PASO 3 ACTÚE

Conceda el tiempo suficiente para que su grupo lleve a cabo las actividades. Apóyelos y guíelos durante el proceso, pero asegúrese de que cumplan con sus tareas tan autónomamente como puedan. Muchas actividades pueden desarrollarse de varias formas diferentes. Anime a los participantes a que piensen y actúen creativamente cuando emprendan sus actividades.

PASO 4 DISCUTA

Pida a los participantes que presenten los resultados de las actividades de la insignia al resto del grupo. ¿Nota algún cambio en su actitud y su comportamiento? Aliente a los participantes a que piensen sobre cómo sus actividades diarias dependen del suelo y lo afectan. Discutan acerca de esta experiencia y reflexionen sobre cómo pueden continuar aplicándola en sus vidas.

PASO 5 CELEBRE

Organice una ceremonia para aquellos que completen satisfactoriamente el currículo de la insignia. Invite a las familias, a los amigos, a los maestros y a los profesores, a los periodistas y a los líderes de la comunidad a participar en la celebración. Anime a su grupo a que presente de forma creativa los resultados de su proyecto a la comunidad. Prémielos con los certificados y las insignias (vea la p. 102 para más información).

PASO 6 ¡COMPARTA CON LA YUNGA!

Envíenos sus historias, sus fotos, sus dibujos, sus ideas y sus sugerencias: **yunga@fao.org**.

CONTENIDO Y

PROGRAMA DE LA INSIGNIA

La Insignia de los Suelos está diseñada para ayudar a educar a los niños y a los jóvenes sobre el papel crucial que los suelos juegan para la vida en nuestro planeta. Este folleto le ayudará a desarrollar un programa educativo apropiado, divertido y cautivador para su clase o grupo.

Este folleto incluye **información general** sobre temas educativos relevantes que buscan ayudar a los maestros y a los líderes juveniles a preparar sus sesiones y actividades grupales sin tener que buscar la información. Los contenidos incluyen: cómo se forma el suelo, las diferentes capas del suelo, las funciones y los usos del suelo, los factores que están afectando a los suelos alrededor del mundo y los pasos que podemos dar para ayudar a conservar y a gestionar los suelos de forma sostenible. Naturalmente, no todos los materiales proporcionados serán requeridos o apropiados para todos los grupos de edad y todas las actividades. Los líderes y los maestros deben, por lo tanto, seleccionar los temas y el nivel de detalle más apropiado para su grupo.

La segunda parte del folleto contiene el **currículo de la insignia**: una serie de actividades e ideas para estimular el aprendizaje y motivar a los niños y a los jóvenes a involucrarse en las cuestiones sobre el suelo. Al final del currículo se provee una lista de control para ayudar a los participantes a dar seguimiento a las actividades que han completado. Recursos adicionales, sitios Web útiles y un glosario que explica términos clave (los cuales están resaltados **así** en el texto) también se proveen al final del folleto.

Estructura de la insignia

Para facilitar el uso y asegurar que todos los temas principales sean cubiertos, tanto la información general (pp. 24-75) como las actividades (pp. 76-101) están divididas en cuatro secciones principales:

A. **TODO SOBRE EL SUELO**: explica cómo se forma el suelo, aquello que contiene y la biodiversidad que se encuentra dentro de este.

B. **LOS USOS DEL SUELO**: describe la multitud de formas en las cuales el suelo sustenta a la vida en la Tierra.

C. **EL SUELO EN PERLIGRO**: explica los varios factores que causan la degradación del suelo.

D. **TOMA ACCIÓN**: proporciona ideas tangibles para ayudar a conservar el suelo y gestionarlo sosteniblemente.

Requisitos: para ganarse la insignia, los participantes deben completar una de las dos actividades obligatorias presentadas al inicio de cada sección más (al menos) una actividad adicional de cada sección, seleccionada individualmente o en grupo (vea el gráfico de la p. 16). Los participantes también pueden completar actividades adicionales que el maestro, el profesor o el dirigente considere apropiadas.

Sección A: TODO SOBRE EL SUELO

1 actividad obligatoria (A.1 o A.2) Al menos 1 actividad opcional (A.3 - A.14)

+

Sección B: LOS USOS DEL SUELO

1 actividad obligatoria (B.1 o B.2) Al menos 1 actividad opcional (B.3 - B.15)

+

Sección C: EL SUELO EN PELIGRO

1 actividad obligatoria (C.1 o C.2) Al menos 1 actividad opcional (C.3 - C.14)

+

Sección D: TOMA ACCIÓN

1 actividad obligatoria (D.1 o D.2) Al menos 1 actividad opcional (D.3 - D.13)

=

¡Insignia de los Suelos COMPLETADA!

Rangos de edad y actividades apropiadas

Para ayudarle a usted y a su grupo a elegir las actividades más apropiadas, se ha provisto un sistema de codificación para indicar los grupos de edad para los cuales cada actividad es más adecuada. Junto a cada actividad, un código (por ejemplo, 'Niveles ① y ②') indica que la actividad debería ser apropiada para niños y jóvenes de cinco a diez años y de once a quince años de edad.

Sin embargo, por favor tome en cuenta que este esquema de codificación es únicamente indicativo. Es posible que considere que una actividad enumerada para un determinado nivel es adecuada para otro grupo de edad bajo sus circunstancias particulares. Como maestros, profesores y dirigentes, ustedes deben usar su juicio y experiencia para desarrollar un currículo apropiado para su grupo o clase. Este podría incluir actividades adicionales que no se encuentran enumeradas en este folleto, pero que le permitirán alcanzar todos los requerimientos educativos.

NIVEL

① **Cinco a Diez años de edad**

② **Once a Quince años de edad**

③ **Dieciséis en adelante años de edad**

¡RECUERDE!

Los principales objetivos de la insignia son educar, inspirar, estimular el interés sobre las cuestiones del suelo y motivar a los individuos a cambiar su comportamiento y a crear acciones locales e internacionales. Sin embargo, sobre todo, ¡las actividades de la insignia deben ser **divertidas**! Los participantes deben disfrutar del proceso de ganarse la insignia y de aprender sobre el suelo y su importancia.

MODELO DE
CURRÍCULO DE LA INSIGNIA

Los modelos de currículos para los diferentes grupos de edad que se proveen a continuación proporcionan ejemplos de cómo se puede ganar la insignia y buscan ayudarle a desarrollar su propio programa.

NIVEL

 **1 Cinco a Diez años de edad**

 **2 Once a Quince años de edad**

  **3 Dieciséis en adelante años de edad**

Cada actividad posee un objetivo específico de aprendizaje, pero además de eso, los niños también tendrán la oportunidad de aprender habilidades más generales, incluyendo:

* **TRABAJO EN EQUIPO**
* **IMAGINACIÓN Y CREATIVIDAD**
* **HABILIDADES DE OBSERVACIÓN**
* **CONCIENCIA MEDIO AMBIENTAL**
* **HABILIDADES NUMÉRICAS Y DE LECTOESCRITURA**

SECCIÓN	ACTIVIDAD	OBJETIVO DE APRENDIZAJE
A Todo sobre el suelo	**A.1: Cava Profundamente** (p.77)	Visitar ecosistemas de suelos locales y hacer observaciones.
	A.5: Conociendo a los Insectos (p.79)	Investigar y explorar cómo un organismo del suelo en particular utiliza y sobrevive en el ecosistema del suelo.
B Los usos del suelo	**B.1: Encuesta sobre el Suelo** (p.85)	Enumerar y presentar el amplio número de formas en que el suelo afecta las vidas diarias de las personas.
	B.6: Dibujos Polvorientos (p.87)	Pintar con tierra con el fin de descubrir las diferentes texturas y apariencias del suelo.
C El suelo en peligro	**C.1: Revisión a los Suelos** (p.91)	Identificar los factores que perjudican a los suelos localmente.
	C.7: Observando el Tiempo (p.93)	Observar la conexión entre el clima y la calidad del suelo.
D Toma acción	**D.1: Celebración por el Suelo** (p.97)	Organizar un 'Día del Suelo' para motivar el activismo entre la familia y los amigos.
	D.5: Jardinería Verde (p.98)	Preparar un recipiente para compost o un póster sobre la importancia del suelo.

N I V E L

 **1** Cinco a Diez años de edad

2 **Once a Quince años de edad**

3 Dieciséis en adelante años de edad

Como en el Nivel 1, cada actividad en el Nivel 2 posee un objetivo específico de aprendizaje, pero también fomenta habilidades adicionales y más generales, incluyendo:

✱ **TRABAJO EN EQUIPO**

✱ **HABILIDADES DE ESTUDIO INDEPENDIENTE**

✱ **IMAGINACIÓN Y CREATIVIDAD**

✱ **HABILIDADES DE OBSERVACIÓN**

✱ **CONCIENCIA MEDIO AMBIENTAL**

✱ **HABILIDADES DE INVESTIGACIÓN**

✱ **HABILIDADES DE PRESENTACIÓN Y PARA HABLAR EN PÚBLICO**

✱ **HABILIDADES PARA DEBATIR**

SECCIÓN	ACTIVIDAD	OBJETIVO DE APRENDIZAJE
A Todo sobre el suelo	**A.2: Análisis de Suelos** (p.77)	Aprender sobre los diferentes tipos de suelo y dónde existen alrededor del mundo.
	A.7: Echando Raíces (p.79)	Plantar un árbol u otra planta y cuidar de esta con el fin de descubrir la importancia de un suelo saludable para el crecimiento de las plantas.
B Los usos del suelo	**B.2: El Suelo y la Salud** (p.85)	Hacer un póster sobre la relación entre el suelo y la salud humana.
	B.13: Recolectando Datos (p.89)	Enumerar los alimentos preferidos e investigar qué tipo de suelo se usa para su producción.
C El suelo en peligro	**C.2: Suelos Globales** (p.91)	Estudiar una región con una severa degradación del suelo y los problemas que causa esta degradación.
	C.9: Preguntas & Respuestas (p.94)	Preparar preguntas y respuestas sobre el rol del suelo en la agricultura.
D Toma acción	**D.2: Transmitiendo Datos sobre el Suelo** (p.97)	Crear una exhibición sobre el suelo para motivar el activismo entre la familia y los amigos.
	D.6: Vigilancia en Casa (p.99)	Alterar el comportamiento en casa, como usar menos agua y apagar las luces.

INTRODUCCIÓN

NIVEL

1 Cinco a Diez años de edad

2 Once a Quince años de edad

3 Dieciséis en adelante años de edad

Las habilidades generales que un currículo de Nivel 3 busca desarrollar incluyen:

* **TRABAJO EN EQUIPO**
* **ESTUDIO INDEPENDIENTE**
* **IMAGINACIÓN Y CREATIVIDAD**
* **HABILIDADES DE OBSERVACIÓN**
* **CONCIENCIA MEDIO AMBIENTAL**
* **DESTREZAS TÉCNICAS**
* **HABILIDADES DE INVESTIGACIÓN**
* **HABILIDADES DE PRESENTACIÓN Y PARA HABLAR EN PÚBLICO**
* **HABILIDADES PARA DEBATIR**

SECCIÓN	ACTIVIDAD	OBJETIVO DE APRENDIZAJE
A Todo sobre el suelo	**A.1: Cava Profundamente** (p.77)	Visitar ecosistemas de suelos locales y hacer observaciones.
	A.9: Pérdidas y Ganancias del Cultivo (p.80)	Visitar una granja y preparar preguntas relevantes sobre el suelo y la agricultura para los agricultores.
B Los usos del suelo	**B.2: El Suelo y la Salud** (p.85)	Hacer un póster sobre la relación entre el suelo y la salud humana.
	B.14: Climas Cambiantes (p.89)	Hacer una presentación sobre la conexión entre el suelo y el cambio climático.
C El suelo en peligro	**C.1: Revisión a los Suelos** (p.91)	Identificar los factores que afectan al suelo localmente.
	C.12: MOStrando Algo Bueno (p.95)	Hacer una presentación sobre la importancia de la MOS y cómo prevenir el daño de la MOS.
D Toma acción	**D.2: Transmitiendo Datos sobre el Suelo** (p.97)	Crear una exhibición sobre el suelo para motivar el activismo entre la familia y los amigos.
	D.10: De Suelos Orgánicos (p.100)	Investigar sobre productos orgánicos y de comercio justo en los supermercados locales y crear una presentación sobre su rol en la protección del suelo.

TODO SOBRE EL
SUELO

¿Por qué crees que llamamos 'Tierra' a nuestro planeta? Porque sin la tierra debajo de nuestros pies, ¡la vida como la conocemos no existiría! Tal vez incluso hayas escuchado que algunas veces nos referimos a nuestro mundo como 'Madre Tierra' - eso se debe a que el suelo (alias tierra) nos proporciona muchos beneficios y sustenta virtualmente a toda la vida terrestre vegetal y animal de forma directa o indirecta. Si estás pensando, '¿de qué están hablando?', continúa leyendo. Datos divertidos y detalles esenciales están esperando por ti...

¿QUÉ ES EL SUELO?

El suelo es la capa externa de la Tierra, en la cual crecen las plantas y los árboles. Nosotros usamos muchas palabras diferentes para referirnos a este: tierra, suelo, polvo, lodo, piso; pero, ¿cuál es la diferencia? Revisemos estos diferentes términos antes de empezar.

✶ **Tierra:** una palabra general para referirse al suelo, así como un nombre común para nuestro planeta como un todo. 'Tierra' con 'T' mayúscula se refiere a nuestro planeta, mientras que 'tierra' con 't' minúscula se refiere al suelo.

✶ **Suelo:** la capa superior de la superficie de la Tierra donde las plantas tienen sus raíces. El tipo y la calidad del suelo varían de lugar a lugar.

✶ **Polvo:** tierra suelta o desplazada.

✶ **Lodo:** una mezcla líquida o semilíquida de tierra y agua.

✶ **Piso:** la superficie sólida en la cual caminas, esta puede estar hecha de tierra, pero también de roca, arena o un material elaborado por el hombre.

¿SABÍAS?

Aproximadamente, el suelo está hecho de aire (25 por ciento de su volumen), agua (25 por ciento), partículas **minerales** **inorgánicas** (45 por ciento) y materia **orgánica** (5 por ciento).

Los materiales orgánicos del suelo

Los científicos llaman a las partes **orgánicas** del suelo '**materia orgánica del suelo**' (**MOS**) o **humus**. El **humus** está formado por materiales de plantas y animales muertos en diferentes estados de deterioro o **descomposición**. Las hojas que se han caído y se han podrido hasta el punto en que se encuentran completamente descompuestas e irreconocibles son un ejemplo de **MOS**. Esto puede sonar repugnante, pero la **MOS** contiene muchos **nutrientes** (como el **carbono**) que son esenciales para el crecimiento de las plantas. Esta es muy importante para la salud general del suelo, de las plantas y de los cultivos, así como de los animales, de los insectos y de otros **organismos** (seres vivos) que viven en el suelo. Un suelo de color obscuro y húmedo es señal de un suelo saludable que es rico en humus. ¿Los suelos de tu área se ven como si tuvieran mucho **humus**? Si no es así, no te preocupes - ¡más adelante descubriremos cómo puedes añadir más materiales orgánicos al suelo!

Los materiales inorgánicos del suelo

Los materiales **inorgánicos** son las partes no vivientes del suelo, como el limo, la arcilla y la arena. Estos están formados por muchas partículas sólidas de diferentes formas y tamaños y son muy importantes para construir la textura del suelo (aprende más en la p.33).

¿CÓMO SE FORMA EL SUELO?

Existen muchos factores diferentes que se integran para crear el suelo, y el proceso puede tomar miles de años. Echemos un vistazo a los cinco factores principales que influyen en la formación del suelo.

tiempo

topografía (características del terreno)

Factores que forman el suelo

meteorización de material parental

organismos y meteorización biológica

clima

Fuente: FAO

¿SABÍAS?

Cuando se formó la Tierra, no existía **vegetación**, sólo rocas, lava y agua. Hace millones de años, durante la Edad de Hielo y otros periodos geológicos, algunas de estas rocas gigantes se rompieron hasta formar gravilla, arcilla y arena - lo cual facilitó la formación de los suelos a partir de estos materiales más pequeños. La Tierra como la conocemos hoy en día no existiría de la misma forma sin la Edad de Hielo. ¡Genial!, ¿no te parece?

Meteorización del material parental

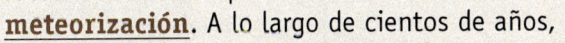

Piensa en todos los diferentes tipos de **tiempo** que existen: escarcha, viento, lluvia, nieve, luz solar, etc. Bueno, estas fuerzas tienen un gran impacto sobre las rocas mediante un proceso denominado **meteorización**. A lo largo de cientos de años, la **meteorización** y la **erosión** desintegran el lecho de roca (conocido como **material parental**) hasta formar partículas cada vez más pequeñas. Estas partículas forman el material **inorgánico** de los suelos, como la arcilla, la arena y el limo.

¿SABES LA DIFERENCIA ENTRE EL TIEMPO Y EL CLIMA?

• El **tiempo** está ligado a un lugar específico y se presenta dentro de un período de **tiempo** bastante corto. Por ejemplo, un día puede estar nublado y lluvioso y otro día podría estar soleado y con nubes esponjosas.

• El **clima** es lo que llamamos las condiciones de tiempo promedio o típicas para una zona determinada. Esta 'zona' podría ser una única ciudad (por ej. algunas regiones tienen un **clima** seco y cálido, mientras que otras pueden ser frías y lluviosas) o todo el planeta (por ej. podemos calcular las temperaturas globales promedio o la cantidad promedio de lluvia a nivel global).

Recuerda: ¡el **clima** te ayuda a decidir qué vestimenta necesitas generalmente para el lugar donde vives; mirar por la ventana y ver el **tiempo** te ayuda a decidir cuáles de esas vestimentas usar cada día!

Organismos y meteorización biológica

Las plantas y los animales (**organismos**) juegan un gran papel en la manera cómo se forma la tierra. Después de que el lecho de piedra se desintegra por la **meteorización** física descrita anteriormente, este enfrenta posteriormente un proceso de '**meteorización biológica**'. Esto sucede de una variedad de formas:

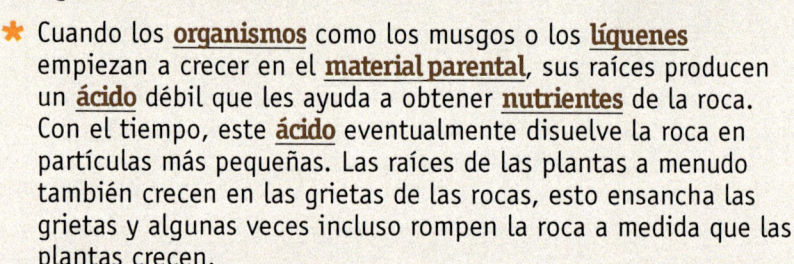

* Cuando los **organismos** como los musgos o los **líquenes** empiezan a crecer en el **material parental**, sus raíces producen un **ácido** débil que les ayuda a obtener **nutrientes** de la roca. Con el tiempo, este **ácido** eventualmente disuelve la roca en partículas más pequeñas. Las raíces de las plantas a menudo también crecen en las grietas de las rocas, esto ensancha las grietas y algunas veces incluso rompen la roca a medida que las plantas crecen.

* Los animales y los **microorganismos** también mezclan la tierra cuando se desplazan y forman madrigueras y pequeños espacios entre las partículas del suelo. Algunos ejemplos de animales cavadores son las lombrices, los topos, los conejos y los armadillos. ¡Los conejos pueden incluso separar rocas al abrirse paso hacia las grietas!

* Los **microorganismos** también tienen un rol que jugar, pues ayudan a que los intercambios químicos entre las raíces y el suelo sucedan (aprende más en la p.39).

* Tanto las plantas como los animales, los cuales son **organismos** vivos, eventualmente pasan a formar parte de la **materia orgánica del suelo** cuando estos se **descomponen** después de morir.

* Nosotros los humanos también somos **organismos** y también afectamos la formación del suelo. Las actividades humanas como la construcción, la **deforestación** y la agricultura pueden afectar el suelo al añadir o cambiar los químicos que se encuentran en este y al cambiar la rapidez con la cual se desgasta el suelo (aprende más en la Sección C).

Clima

Tal vez te has dado cuenta de que los suelos no son iguales en todos los lugares del mundo. Una razón de esto es que los suelos varían de acuerdo con el **clima**:

* Los niveles de la temperatura y de la humedad afectan la cantidad y la velocidad de la **meteorización** y de la pérdida de **nutrientes** (**lixiviación**). Por ejemplo, las rocas se desintegran más rápidamente en los **climas** cálidos y húmedos debido a que las reacciones suceden con más velocidad y los **nutrientes** son lavados más rápidamente.

* La cantidad, la fuerza, el momento y el tipo de **precipitación** (lluvia, granizo, nieve, etc.) también influyen en la manera cómo se forma el suelo. Por ejemplo, si existen frecuentemente lluvias fuertes en el área, entonces la **meteorización** de los **materiales parentales** sucederá con más rapidez.

* El viento redistribuye la arena y otras partículas, especialmente en los **climas** secos.

* El **clima** también afecta a los materiales que se encuentran en el suelo debido a que el **clima** afecta al número de plantas y animales que existen en un área, así como a la rapidez con que se **descomponen** después de morir para producir la **MOS** (este proceso es más lento en los **climas** fríos y secos).

Topografía

La **topografía** de un lugar se refiere a 'la disposición de la tierra', es decir, las características físicas del terreno o su forma, el cual puede ser plano, montañoso o empinado. La **topografía** juega un rol importante en el tipo de suelo que se crea en un área. Por ejemplo, la pendiente de una colina o montaña afecta la humedad y la temperatura de su suelo. Además, en las

pendientes pronunciadas, el suelo puede ser arrastrado por el agua o por el viento con más facilidad. Esto significa que en lugar de acumular una gruesa capa de **mantillo** durante el tiempo, el **mantillo** de las pendientes pronunciadas es arrastrado por el agua (**erosionado**) con más rapidez que lo que tarda el nuevo suelo en formarse en este lugar. Estos depósitos se van hacia la parte inferior de la montaña, donde se recolectan y permanecen en áreas más planas y niveladas. Es por esto que los suelos en las partes inclinadas de una montaña son más delgados que en los lugares más planos y, en consecuencia, menos fértiles. Podrás encontrar diferentes tipos de suelos en diferentes áreas topográficas como las líneas costeras, los ríos, los **humedales** o los bosques. ¿Cómo se diferencia el suelo en estas ubicaciones y por qué crees que esto sucede?

Tiempo

La formación del suelo es un proceso lento que toma cientos o incluso miles de años. Dependiendo de dónde estés, puede tomar entre 100 y 1.000 años formar solamente un centímetro de suelo, sin embargo, este centímetro puede ser arrastrado por el agua en unos pocos días si el suelo no está protegido. Por esta razón, los suelos pueden ser considerados como un recurso no renovable en la línea de tiempo humana. Con el tiempo, los suelos desarrollan su estructura interna y se forman los **horizontes del suelo** (capas). Estos presentan diferentes propiedades - lee la siguiente sección para aprender más sobre estos.

¿SABÍAS?

Puede tomar hasta 1.000 años producir sólo 2-3 cm de suelo. Si los humanos crecieran así de lento, necesitaríamos 80.000 años para que crezca un jugador de básquetbol. ¡Imagínate!

Fuente: **www.childrenoftheearth.org/soil-facts-for-kids/soil-facts-for-kids-11.htm**

Las capas del suelo

El suelo se forma cuando se descomponen materiales **orgánicos** e **inorgánicos**. Este proceso puede tomar miles de años. Como resultado de este muy lento proceso, el suelo se forma en diferentes capas, también llamadas **horizontes del suelo**. Existen seis **horizontes** o capas principales, conocidos como 'horizontes maestros'. A medida que viajas a mayor profundidad dentro de la tierra, estos **horizontes del suelo** difieren en textura, color, actividad biológica y estructura. Echa un vistazo al diagrama inferior.

O - estrato superficial

A - capa superficial o mantillo

E - zona de lixiviación

B - subsuelo

C - material parental

R - lecho de roca

Fuente: YUNGA, Emily Donegan

★ **Horizonte O**: esta capa es generalmente la capa más externa del suelo. Está formada principalmente por la acumulación de material **orgánico** (por esta razón se denomina el horizonte 'O') como hojas, acículas, ramas, musgo y **líquenes** en varias etapas de descomposición. Este horizonte no posee mucho contenido **mineral**.

✱ **Horizonte A**: este horizonte se encuentra muy cerca de la superficie y es llamado comúnmente **mantillo**. Se denomina horizonte 'A' porque es el primero después del horizonte 'O'. El horizonte A contiene grandes cantidades de **minerales** (arena, limo y arcilla) y materiales **orgánicos**. Esta es a menudo la capa más fértil del suelo, rica en **humus**.

✱ **Horizonte E**: este horizonte posee un color claro y sus materiales son **lixiviados** con facilidad. La **lixiviación** sucede cuando los **nutrientes** que están disueltos en el suelo se pierden porque la **precipitación** (lluvia, nieve, etc.) o la **irrigación** los arrastra. La 'E' representa la palabra 'eluviado', esto es lo que sucede cuando los **minerales** son **lixiviados** del suelo.

✱ **Horizonte B**: también llamado subsuelo, esta capa tiene usualmente un color más claro que el horizonte A ya que contiene menos materia **orgánica**. Se forma debido a la acumulación de los **minerales** que fueron **lixiviados** de los horizontes A y E. Se denomina horizonte 'B' porque se encuentra debajo de los horizontes A y E.

✱ **Horizonte C**: este horizonte se encuentra entre el suelo y el lecho de roca subyacente, o la capa R. Este se encuentra menos **meteorizado**, o desintegrado, que los horizontes superiores. Contiene materiales sueltos y parcialmente desintegrados de la capa R. Se denomina horizonte 'C' debido a que se encuentra debajo de los horizontes A y B.

✱ **Horizonte R**: esta capa está hecha de roca sólida, la cual yace debajo del suelo. Esta roca también se conoce como ´lecho de roca' (ya que es el 'lecho' de todas las otras capas de suelo) o '**material parental**'. Granito, basalto y piedra caliza o arenisca endurecidas son ejemplos de rocas que pertenecen a esta categoría. El lecho de roca puede contener grietas, pero estas son tan pocas y tan pequeñas que sólo unas pocas raíces las pueden penetrar. La 'R' representa la palabra roca.

¿Sigues con nosotros después de todas esas letras? La combinación de todos estos **horizontes del suelo**, desde arriba hacia abajo, se denomina **perfil del suelo**. Toma en cuenta que en algunos casos, no todos los horizontes estarán presentes. Por ejemplo, en los campos el **perfil del suelo** típico es A-B-C, mientras que en los bosques este puede ser O-A-E-B-C. El horizonte R puede ser poco o muy profundo, dependiendo de la **topografía** y del **clima** del área. Al estudiar el **perfil del suelo**, los científicos del suelo (llamados 'pedólogos') y los científicos en cultivos (llamados 'agrónomos') pueden determinar cómo se formó esa zona del suelo. Ellos también pueden entender los procesos que influyen sobre la salud y la condición de los suelos y planificar los usos para los cuales serán más apropiados dichos suelos: por ejemplo, condiciones naturales, agricultura o silvicultura.

La textura del suelo

A medida que avanzas dentro de los **horizontes del suelo**, la textura del suelo cambia. ¿Por qué crees que eso sucede? Bueno, la textura del suelo depende del número de partículas **inorgánicas** que están presentes en el suelo. Estas han sido divididas en tres grupos en base a su tamaño: arcilla, limo y arena. Los científicos del suelo pueden determinar la textura del suelo usando un triángulo de textura de suelos (mira el gráfico inferior). Este es un ejercicio práctico donde se siente el suelo para averiguar su textura. ¡Toma un puñado de suelo e intenta hacer este ejercicio por ti mismo en la Actividad A.1 (p. 77)! ¿Qué tipo de partículas sientes en tu mano?

Los suelos arcillosos se sienten pegajosos cuando están húmedos

El limo se siente suave y sedoso cuando está húmedo

ARCILLA

LIMO

MARGA

La marga es una mezcla de los tres suelos

La arena se siente áspera y polvorienta

ARENA

Fuente: YUNGA, Emily Donegan

El tamaño de las partículas afecta las propiedades del suelo, por ejemplo, las partículas de arcilla son normalmente pequeñas y muy importantes ya que pueden retener el agua y los **nutrientes** para las plantas y los animales de mejor manera que la arena y las piedras.

¿SABÍAS?

Si recolectaras toda la arcilla de la Tierra y la extendieras en una capa uniforme, esta mediría más de un kilómetro y medio de grosor sobre todo el planeta.

Fuente: **www.hgtvgardens.com/soil/fun-facts-about-garden-soil**

La estructura del suelo

Así como el cuerpo humano está hecho de diferentes partes, como órganos y huesos, el suelo también tiene su propio 'cuerpo', al cual llamamos la estructura del suelo. Los diferentes **horizontes del suelo** tendrán diferentes estructuras de suelo. Por ejemplo, el horizonte A generalmente tiene una estructura más fina y en forma de migas; mientras que es más probable encontrar una estructura más compacta en el horizonte B. La estructura del suelo está compuesta por pequeñas masas conocidas como '**agregados**' y por **poros** (los espacios entre partículas individuales de suelo). Los **agregados** de suelo son partículas que están adheridas la una a la otra y utilizan la **materia orgánica del suelo** como un pegamento que las une. Los **agregados** pueden variar tanto en tamaño como en forma dependiendo de las propiedades del suelo. Los **poros** que rodean a las masas individuales se denominan 'macroporos' (**poros** 'grandes'). El agua, el aire, los animales y las raíces de las plantas pueden pasar por estos 'macroporos'. Las raíces y los animales también pueden abrirse paso por medio de estas masas a través de los 'microporos' (**poros** 'pequeños') donde pueden encontrar agua y **nutrientes** almacenados gracias a las partículas de arcilla. Una estructura de suelo en buenas condiciones poseerá tanto macro como microporos, los cuales facilitan que las raíces de las plantas y otros animales obtengan agua y **nutrientes**.

¿SABÍAS?

La mitad del suelo está hecha de espacio **poroso**. Generalmente, la mitad de estos espacios porosos están llenos de agua y la otra mitad de aire, sin embargo, esto varía grandemente dependiendo de la textura del suelo, el uso de agua por parte de las plantas y el **tiempo**.

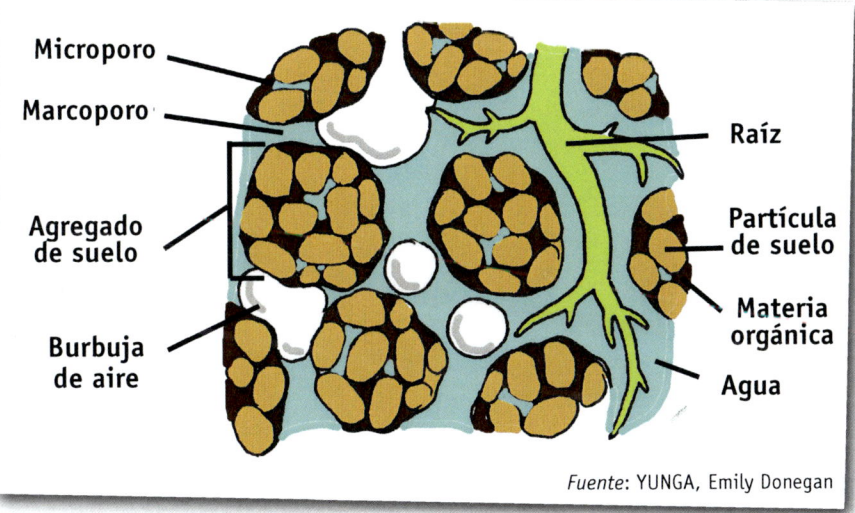

Microporo
Marcoporo
Agregado de suelo
Burbuja de aire
Raíz
Partícula de suelo
Materia orgánica
Agua

Fuente: YUNGA, Emily Donegan

La estructura del suelo difiere dependiendo de la profundidad, los tipos de suelo, el uso de la tierra y el clima. Esta también cambiará con el paso del **tiempo**. La mayoría de cambios en la estructura del suelo se presentan en las capas superficiales del suelo.

WONG KWAN YU, 18 años, HONG KONG, CHINA

¿QUÉ ES EL PH?

Otro factor que afecta a los suelos es el **pH**. Los químicos pueden ser clasificados dentro de una escala de **pH** entre dos extremos -**ácido** o **básico**- así como otras substancias pueden ser clasificadas en un rango de temperatura entre caliente y frío. El **pH** es simplemente una forma de medir cuán **ácida** o **básica** es una substancia. La escala del **pH** varía entre 0-14 (**ácido**-**básico**). Un químico **ácido** es aquel que cuando se disuelve en el agua, obtiene un **pH** de menos de 7. Un químico **básico** (también llamado un **alcalino**) se disuelve en el agua y obtiene un **pH** de más de 7. Ejemplos de líquidos **ácidos** son el vinagre y el jugo de limón, mientras que ejemplos de líquidos **básicos** son el amoníaco y la pasta de dientes. Un **pH** de 7 es neutro (no es ni **ácido** ni **básico**). Un ejemplo de un químico neutro es el agua. Echa un vistazo al diagrama de la escala del **pH** para que veas el **pH** estándar de algunas substancias bien conocidas.

El **pH** del suelo es un signo importante de su salud, pues influye sobre la cantidad de **nutrientes** en el suelo y en la salud de los animales y de las plantas que viven en este. Un nivel de **pH** del suelo de menos de 7 es **ácido**. En los suelos muy ácidos, como los suelos que se encuentran debajo de los bosques boreales (localizados en el hemisferio norte),

Tipos de suelo alrededor del mundo

El suelo de tu jardín o tu área local es muy diferente al suelo que se encuentra en otras partes del mundo. Es posible que hayas visitado o hayas visto fotografías de **desiertos**, selvas tropicales y turberas. ¿Te diste cuenta de que todos tienen tipos de suelo muy diferentes? Los suelos varían dependiendo del medio ambiente, de la edad que tienen y de las plantas y los animales que viven en estos. De hecho, ¡existen miles de tipos de suelo alrededor del mundo! Así como proporcionamos nombres a los árboles, como haya, pino o eucalipto, para diferenciarlos entre sí, también necesitamos clasificar y asignar nombres a los diferentes tipos de suelo. La Base Referencial Mundial

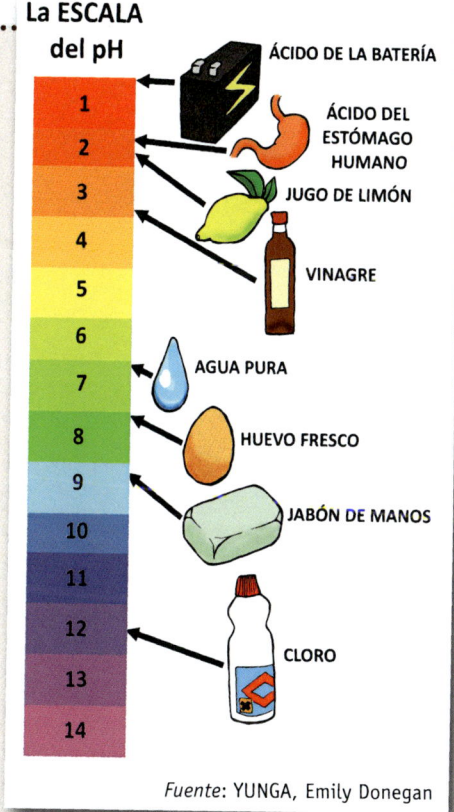

La ESCALA del pH

1	ÁCIDO DE LA BATERÍA
2	ÁCIDO DEL ESTÓMAGO HUMANO
3	JUGO DE LIMÓN
4	
5	VINAGRE
6	
7	AGUA PURA
8	HUEVO FRESCO
9	JABÓN DE MANOS
10	
11	
12	CLORO
13	
14	

Fuente: YUNGA, Emily Donegan

los **nutrientes** del suelo se disuelven rápidamente y se **lixivian** cuando el agua se drena. Un **pH** del suelo de más de 7 es **alcalino**. Los suelos **alcalinos** se encuentran donde hay mucha arcilla en el suelo o en medio ambientes de piedra caliza. En este lugar los **nutrientes** no se disolverán tan rápidamente. En general, los suelos más fértiles tienen un **pH** entre 6 y 7. Diferentes animales y plantas tienen diferentes preferencias en lo que se refiere a los niveles de **pH** del suelo, por lo tanto, el **pH** es un factor que determina el tipo de **ecosistema** que se encuentra en un área.

(WRB, por sus siglas en inglés) ha identificado los 28 tipos de suelo más comunes del mundo. Mira el mapa de suelos mundial para descubrir más sobre esto: **www.fao.org/nr/land/soils/soil/wrb-soil-maps/en**. También puedes referirte a la hoja de datos sobre los tipos de suelo de la YUNGA para aprender más sobre cada tipo. ¿Cuáles son los principales o los tipos de suelo dominantes de tu país? ¿Cómo se diferencian de otros grupos de suelos?

Descubre más:

http://forces.si.edu/soils/swf/soilorders.html

www.hutton.ac.uk/learning/dirt-doctor

www.isric.org

LA BIODIVERSIDAD DEL SUELO

¿Sabías que la diversidad y la abundancia de vida que existe dentro del suelo son mayores que aquellas que se encuentran sobre el suelo? De acuerdo con la Sociedad Estadounidense de Ciencias del Suelo, ¡existen más **organismos** individuales vivos en una cucharada de suelo que personas en toda la Tierra! ¡Ten en mente que sólo existen 7 mil millones de humanos en la Tierra en total...! Así que, ¿cuáles son algunas de las criaturas que podrías encontrar en esa cucharada?

¿SABÍAS?

Se estima que un acre de suelo podría contener hasta 400 kg de lombrices, 1.089 kg de **hongos**, 680 kg de bacterias, 400 kg de **artrópodos** y algas e incluso algunos mamíferos pequeños como topos. Un gramo de suelo puede contener mil millones de bacterias, de las cuales sólo el cinco por ciento son actualmente conocidas para la ciencia.

Fuente: Earth Institute.

Artrópodos

Los **artrópodos** son animales que no poseen columna vertebral sino que tienen su esqueleto fuera de su cuerpo. Este grupo incluye a los insectos y a las arañas, muchos de los cuales viven en el suelo. Los **artrópodos** ayudan a las bacterias a alimentarse al trocear la materia vegetal muerta en porciones de tamaños más accesibles para estas. Los artrópodos también ayudan a diseminar los **nutrientes** a través del suelo al llevar bacterias en sus cuerpos y por medio de sus sistemas digestivos. Estos añaden **minerales** al suelo por medio de sus desechos y también mejoran la calidad del suelo al cavar dentro de este. Los **artrópodos** también pueden ayudar con el control de pestes al alimentarse de los bichos y los insectos que se comen los cultivos.

Bacterias

Las bacterias con frecuencia son retratadas como el enemigo, normalmente pensamos en estas como aquellas que provocan enfermedades a las personas. Sin embargo, muchas bacterias son contribuyentes buenas y útiles para nuestro ecosistema. ¡De hecho, la vida como la conocemos no existiría sin las bacterias! Los ecosistemas, tanto terrestres como acuáticos, dependen de su interminable 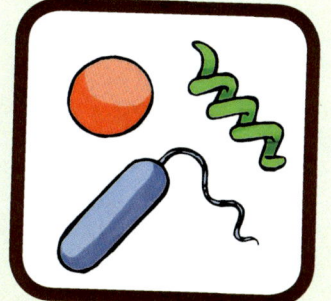 reciclaje de nutrientes, como el carbono, el nitrógeno y el sulfuro, que permite que estos retornen al suelo. Sin este reciclaje, los productores primarios no serían capaces de producir energía. Las bacterias fueron una de las primeras formas de vida en la Tierra y fueron también los primeros organismos que empezaron a producir oxígeno, el gas del cual todos dependemos para mantenernos vivos. Las bacterias están literalmente en todas partes, pero estas son tan diminutas que no las puedes ver. ¡Tu propio cuerpo proporciona un hogar acogedor para billones de estas! Son las bacterias aquellas que te permiten obtener la energía de los alimentos en tu estómago. Las bacterias también hacen posible que las raíces de las plantas obtengan los nutrientes del suelo. Esto se debe a que las bacterias son necesarias para liberar los nutrientes hacia el suelo, donde pueden ser utilizados por las plantas y otros organismos que viven en el suelo (averigua cómo en el recuadro inferior). Es aún más sorprendente saber que las bacterias pueden descomponer pesticidas y ayudan a mantener limpio el suelo. ¡Puedes ver que son muy importantes para la vida!

¿QUIÉNES SON LOS RHIZOBIOS, LOS CLOSTRIDIUM Y LOS AZOTOBACTER?

No, estos no son personajes de *Harry Potter* o del *Señor de los Anillos*. Estas son bacterias que realizan un servicio del suelo muy útil. El nitrógeno es un nutriente clave para las plantas, pero las plantas no pueden usar el nitrógeno gaseoso de la atmósfera. Estas tres bacterias convierten el nitrógeno gaseoso en compuestos amigables con las plantas mediante un proceso llamado fijación de nitrógeno (averigua más en la p.50).

SUELO

A

USOS

B

PELIGRO

C

ACCIÓN

D

Lombrices

Las lombrices son llamadas con frecuencia 'ingenieras del ecosistema' debido a que desempeñan toda clase de funciones útiles. Si existen lombrices cerca, usualmente es un signo de que el suelo es saludable. Las lombrices hacen túneles en el suelo, lo cual permite que circule el aire y ayuda a que el **oxígeno** llegue a las raíces de las plantas y a los **organismos** del suelo. Los túneles

aumentan la capacidad del suelo de retener el agua, lo aflojan y mejoran su drenaje. Una de las formas más grandes en que las lombrices hacen una diferencia es al llevar **nutrientes** al suelo. Cuando estas se alimentan del suelo (¡muchas lombrices comen su propio peso en tierra cada día!), las lombrices de hecho están descomponiendo la materia **orgánica** y, cuando estas excretan el desecho (cortésmente llamado '**humus** de lombriz', si no conocido como popo de lombrices), estas están liberando **nutrientes** -de una forma ya descompuesta- de regreso hacia el suelo, los cuales ahora pueden ser utilizados por las plantas. Se cree que el **humus** de lombriz es el mejor **fertilizante** natural para el crecimiento de los cultivos y las plantas. Las lombrices también ayudan a balancear el **pH** del suelo - sus desechos son siempre más cercanos a un valor neutro (pH 7) que el suelo original.

¿SABÍAS?

Una lombriz tiene un cerebro, cinco corazones y 'respira' por medio de su piel. La lombriz más pequeña que ha sido descubierta tenía un tamaño menor a 2,5 cm y la más grande se encontró en Sudáfrica con un enorme tamaño de 6,5 metros - ¡imagínate cuánta tierra debe haber comido durante su vida!

Fuente: **http://deq.louisiana.gov/portal/Portals/0/assistance/educate/DYK-earthworms.pdf**

Hongos

Es posible que hayas visto y que hayas comido setas. Bueno, las setas son parte de los **hongos**, pero hay mucho más sobre los **hongos** que sólo las setas que crecen en la superficie del suelo - existe toda una red anexada, con frecuencia escondida debajo de la tierra, y algunas veces puede extenderse por kilómetros. De la

misma forma como las personas a menudo piensan que las bacterias son malas, las personas pueden pensar que los **hongos** son malos - y que causan enfermedades en las plantas y en los animales o echan a perder los alimentos. Sin embargo, los **hongos** también realizan servicios del suelo importantes relacionados con el agua, los nutrientes y la prevención de enfermedades. Junto con las bacterias, los **hongos descomponen** el material **orgánico** a formas que otros **organismos** pueden utilizar. Más del 90 por ciento de todas las especies de plantas dependen directamente de los **hongos** para obtener **nutrientes** como el **nitrógeno** y el fósforo del suelo. Los **hongos** también ayudan a mantener juntas las partículas de suelo, lo cual ayuda a incrementar la absorción del agua y la capacidad del suelo de retener el agua.

¿SABÍAS?

En Oregon, EE. UU., ¡existe un **hongo** (*Armillaria ostoyae*) que se cree que se extiende por debajo del suelo y que cubre un área de más de 1.600 campos de futbol americano! Este es el **organismo** más grande de la Tierra y se cree que tiene una edad de 2.400 años - aunque algunos científicos creen que podría tener hasta 8.650 años. Piensa en todas las formas increíbles y útiles en las cuales ese único **organismo** está ayudando al suelo en esta zona...

A · SUELO

B · USOS

C · PELIGRO

D · ACCIÓN

La red alimentaria del suelo

La **red alimentaria** del suelo es la comunidad de **organismos** que vive toda o parte de su vida en el suelo. La energía y los **nutrientes** son convertidos e intercambiados a lo largo de toda la **red alimentaria** a medida que un **organismo** se come a otro. De esta forma, los **ecosistemas** del suelo son un lugar importante para el **reciclaje de nutrientes**. Los suelos almacenan y renuevan los **nutrientes** comunes como el **nitrógeno**, el fósforo, el potasio, el calcio, el magnesio y el sulfuro. Los **organismos** del suelo que viven en el **ecosistema** del suelo **descomponen** estos **nutrientes**, los hacen disponibles para otros **organismos** y los propagan por todo el suelo.

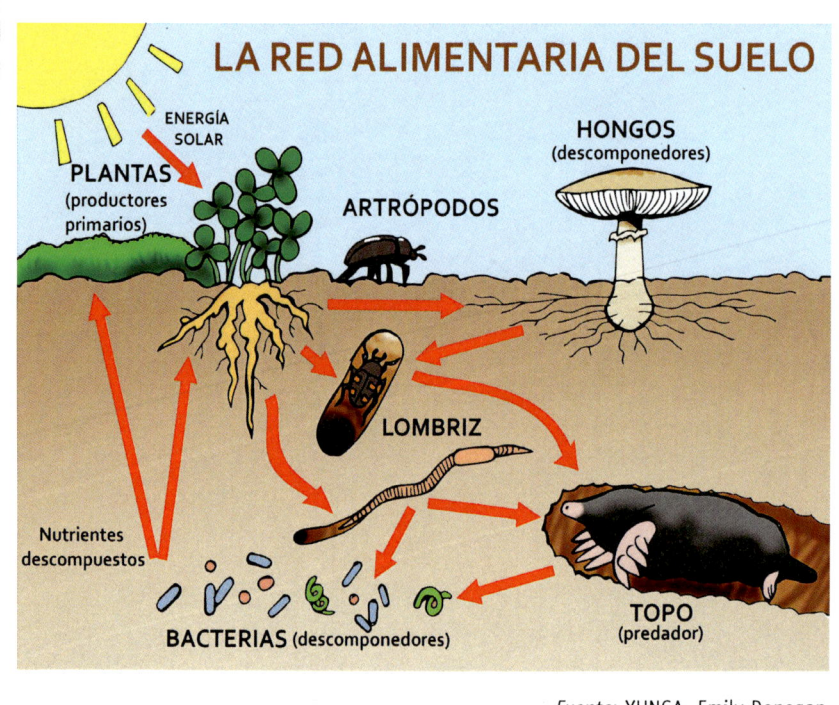

Fuente: YUNGA, Emily Donegan

SAFIRA RAHMA, 15 años, INDONESIA

Todas las **redes alimentarias** empiezan con los **productores primarios** que hacen su propio alimento. Así es como funciona: algunos **organismos** pueden usar la energía solar para convertir el **dióxido de carbono** de la **atmósfera** en compuestos **orgánicos** (es decir, en alimento) que les dan la energía que necesitan para crecer. Este proceso se conoce como **fotosíntesis**. Los **productores primarios** incluyen las plantas, los **líquenes**, los musgos, las algas y algunas tipos de bacterias. La mayoría de los otros **organismos** del suelo (por ej. los insectos, las lombrices y los topos) no pueden realizar la **fotosíntesis**, así que obtienen la energía y el **carbono** que necesitan al alimentarse de los **productores primarios**, de otros **organismos** o de desechos. Casi todas las plantas -césped, árboles, arbustos y cultivos- dependen de la **red alimentaria** del suelo para su **nutrición**. Como seres humanos, nosotros también dependemos de la **red alimentaria** del suelo cuando comemos plantas, frutas y vegetales que se cultivaron en el suelo. Esta es sólo una razón por la cual debemos estar agradecidos por los suelos - cavemos un poco más profundo en la Sección B para averiguar sobre otros servicios del suelo importantes.

LOS USOS DEL SUELO

Como se mencionó en la Sección A, los suelos son hogar de un alucinante número de plantas, animales y **microorganismos**, desde babosas, caracoles, lombrices y topos hasta bacterias, algas y, por supuesto, árboles, arbustos y flores. Así que, ¿cómo exactamente ayudan los suelos a estas plantas y criaturas?

SERVICIOS DE LOS ECOSISTEMAS

Los suelos y la gran **biodiversidad** que se encuentra dentro de estos forman **ecosistemas** subterráneos que proporcionan **servicios de los ecosistemas** esenciales, justo como los que podemos ver sobre el suelo. Los **servicios de los ecosistemas** son beneficios (como recursos y procesos) producidos por el medio ambiente que son necesarios para una vida vegetal, animal y humana saludable en la Tierra. Por ejemplo, los suelos son esenciales para el crecimiento de las plantas y para la producción de cultivos, para la silvicultura y para la cría de ganado; estos proporcionan **nutrientes** y agua para que las plantas los absorban por medio de sus raíces e incluso ayudan a regular el agua y los gases de la **atmósfera**. Echemos una mirada más profunda a estos **servicios de los ecosistemas** esenciales.

MAKAH KHEMKA, 10 años, INDIA

Soporte físico

Es posible que creas que los suelos no contribuyen grandemente a la belleza de nuestro planeta, pero, ¿podrías imaginarte un mundo sin árboles, flores, cactus y otras plantas? Sin el suelo, estas plantas tampoco estarían aquí. Los suelos proporcionan un sistema de soporte físico para las plantas, sin este no serían capaces de crecer. Así que la próxima vez que estés disfrutando al ver un paisaje hermoso, ¡piensa también en el suelo que hace que todo eso sea posible!

El cuidado de la salud

La **biodiversidad** del suelo ayuda a prevenir pestes y enfermedades. Los **microorganismos** del suelo descomponen los materiales de desecho como el estiércol, los restos de las plantas, los **fertilizantes** y los pesticidas, lo cual evita que se acumulen hasta llegar a niveles tóxicos, que entren a las reservas de agua y que se conviertan en contaminantes.

Cuidando a los más pequeños

El **ecosistema** del suelo cuida de las semillas pues proporciona un medio ambiente en el cual se pueden dispersar o germinar de manera que puedan seguir creciendo. Algunas veces, estos servicios de cuidado a los más 'pequeños' duran muchos años, mientras las semillas esperan por mejores condiciones para germinar.

Cuestiones sobre el agua

El suelo es capaz tanto de retener como de liberar el agua, la cual es esencial para la vida que depende de esta. Todo empieza cuando el agua se introduce en los espacios, o **poros**, entre las partículas de suelo. La tasa a la cual esto sucede (qué tan rápido o lento se filtra el agua hacia el suelo) se denomina tasa de **infiltración**. Mientras más alta sea la tasa de **infiltración**, más agua estará disponible para las plantas y menos correrá por la superficie, **erosionará** el suelo y arrastrará los **nutrientes**. Las plantas y una superficie de suelo áspera pueden ayudar a incrementar la tasa de **infiltración**.

Los suelos también juegan un rol importante en el **ciclo del agua**, este es el proceso por medio del cual la reserva de agua de la Tierra se reutiliza una y otra vez. Los suelos actúan como una barrera o filtro para la **precipitación** (lluvia, nieve, granizo o cellisca) que cae en la Tierra y se convierte en '**agua subterránea**' -el almacén más grande del mundo de agua bebible- o en **escorrentía** (agua que corre sobre la tierra debido a que el suelo ya no puede absorber más) que fluye hacia los arroyos, los ríos y eventualmente hasta el océano. De esta manera, el suelo juega un rol central en la regulación de la cantidad de agua disponible en la tierra y en la **atmósfera**. Para aprender más sobre el **ciclo del agua** y sobre las cuestiones del agua, echa un vistazo a la *Insignia del Agua* de la YUNGA.

Al absorber el agua, los suelos también ayudan a prevenir las inundaciones. Ciertos tipos de suelo, como las turberas, las marismas y los pantanos, son enormemente importantes en la prevención y el control de las inundaciones. Esos **humedales** actúan como esponjas gigantes, absorben enormes cantidades de agua y dejan que fluya lentamente. Esta es una función extremadamente importante ya que si mucha tierra entra en los ríos y en los **ecosistemas** costeros, esta puede dañar a la **biodiversidad** que vive en ese lugar, así como impactar los medios de vida de los humanos. Este proceso de acumulación de tierra se conoce como sedimentación y puede tener serios impactos medio ambientales.

INFORMACIÓN GENERAL

Fuente: FAO

SUELOS INUSUALES

Aunque cubren sólo el seis por ciento de la superficie terrestre de la Tierra, los **humedales** (incluyendo las marismas, las turberas, los pantanos, los deltas de los ríos, los manglares, la tundra, las lagunas y las llanuras de inundación) actualmente almacenan hasta el 20 por ciento (850 mil millones de toneladas) del carbono **terrestre** (el **carbono** almacenado en la tierra). Esto es equivalente al contenido de **carbono** de la actual **atmósfera** (donde el **carbono** existe como un gas de **dióxido de carbono**).

Fuente: **www.envirothon.org/pdf/CG/Why_Soil_is_Important.pdf**

Asistencia Atmosférica

El suelo juega un rol esencial en la regulación de las cantidades de **carbono**, **oxígeno** y **nitrógeno** que existen en la **atmósfera**.

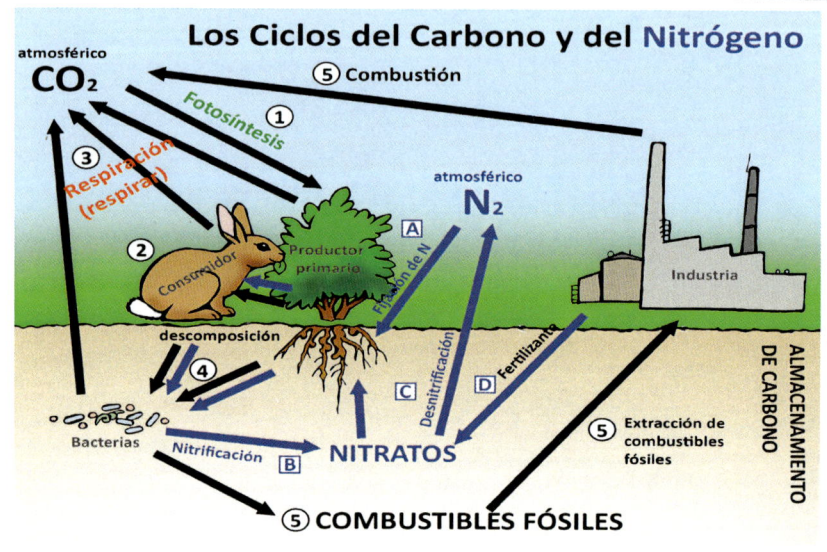

Los Ciclos del Carbono y del Nitrógeno

atmosférico **CO₂**

⑤ Combustión

Fotosíntesis ①

③ Respiración (respirar)

atmosférico **N₂**

② Consumidor

Productor primario

Fijación de N [A]

descomposición

④

Desnitrificación [C]

[D] Fertilizante

Bacterias

Nitrificación [B]

NITRATOS

⑤ Extracción de combustibles fósiles

⑤ **COMBUSTIBLES FÓSILES**

Industria

ALMACENAMIENTO DE CARBONO

Fuente: YUNGA, Emily Donegan

EL CARBONO ES CRUCIAL

El **carbono** es esencial para todas las formas de vida de este planeta. Cada **organismo** de este planeta es formado con **carbono** y depende de este como un combustible para la vida de una forma u otra. El **carbono** de la **atmósfera** toma la forma de **dióxido de carbono (CO₂)**, un importante gas formado por **carbono** y **oxígeno**. Quemar **combustibles fósiles** y talar los bosques causa desequilibrios en el **ciclo del carbono** natural e incrementa los niveles de **dióxido de carbono** en la **atmósfera**, lo cual puede dañar a nuestro medio ambiente al contribuir al **cambio climático**. ¿Has notado o has escuchado sobre cambios en el **clima** del lugar donde vives o en otras regiones del mundo? Desafortunadamente, algunas áreas se están secando, mientras otras se están inundando o están siendo afectadas por tormentas masivas.

El Ciclo del Carbono

La mayoría del **dióxido de carbono** de la **atmósfera** proviene de reacciones biológicas que se producen en el suelo. (Echa un vistazo al diagrama de la p. 48 y sigue la numeración mientras lees).

1. Como hemos mencionado, las plantas usan el **dióxido de carbono** de la **atmósfera**, agua del suelo y luz solar para fabricar su propio alimento y crecer mediante un proceso llamado **fotosíntesis**. El **carbono** que absorben del aire se hace parte de la planta.

2. Los animales que se alimentan de las plantas traspasan los compuestos de **carbono** a lo largo de la **cadena alimentaria**.

3. La mayoría del **carbono** que estos consumen es convertido en **dióxido de carbono** a medida que respiran y es liberado de regreso hacia la **atmósfera**.

4. Cuando los animales y las plantas mueren, los **organismos** muertos son comidos por los descomponedores que se encuentran en el suelo (nuestros amigos, las bacterias y los **hongos**) y el **carbono** de sus cuerpos regresa nuevamente a la **atmósfera** como **dióxido de carbono**.

5. En algunos casos, las plantas y los animales muertos son enterrados y se convierten en **combustibles fósiles**, como carbón y petróleo, a lo largo de millones de años. Los humanos queman los **combustibles fósiles** para crear energía, esto envía la mayoría del **carbono** de regreso hacia la **atmósfera** en la forma de **dióxido de carbono**.

Además de formar **combustibles fósiles**, el suelo también es un importante almacén de **carbono**. Esta habilidad del suelo de almacenar el **carbono** también se conoce como '**secuestro de carbono**'. Esta es una función importante debido a que mientras más **carbono** se almacene en el suelo, menos **dióxido de carbono** habrá en la **atmósfera** contribuyendo al **cambio climático**.

El ciclo del oxígeno

Las plantas también liberan **oxígeno** hacia la **atmósfera** durante la **fotosíntesis**, el cual es un gas que casi todos los seres vivos necesitan para sobrevivir. Por lo tanto, al dar apoyo a las plantas, el suelo también contribuye a la regulación del suministro de **oxígeno**. Casi el 99 por ciento del suministro de oxígeno de la Tierra es almacenado en rocas y minerales en la corteza de la Tierra debajo del suelo.

El ciclo del nitrógeno

Los suelos también juegan un gran rol en la regulación del contenido de **nitrógeno** en nuestra **atmósfera**. El **nitrógeno** (N_2) es el gas más común que se encuentra en la **atmósfera** de la Tierra y es esencial para el crecimiento de las plantas. De hecho, ¡es necesario para que todos los **ecosistemas** sobrevivan! (Echa un vistazo al diagrama de la p. 48 y sigue las letras mientras lees).

A. Leímos anteriormente sobre las bacterias que **fijan el nitrógeno** y que viven en el suelo y en las raíces de ciertas plantas (p. 39), estas absorben **nitrógeno** atmosférico y lo cambian a una forma (usualmente nitratos) que las plantas pueden usar. Este proceso se denomina 'fijación de nitrógeno'

B. Existen otras bacterias en el suelo que también convierten el **nitrógeno** en nitratos. Sin embargo, en lugar de obtener el **nitrógeno** de la **atmósfera** como las bacterias que fijan el **nitrógeno**, estas bacterias obtienen su **nitrógeno** de la materia en descomposición que se encuentra en el suelo. Estas se denominan bacterias nitrificantes y llevan a cabo el proceso de convertir el nitrógeno de la materia en descomposición en nitratos. Esto se denomina 'nitrificación'.

C. ¡Otras bacterias que viven en el suelo hacen lo opuesto a aquello que hacen las bacterias nitrificantes! Estas toman los compuestos de **nitrógeno**, como los nitratos, del suelo y los convierten nuevamente en gas de **nitrógeno**, el cual regresa hacia la **atmósfera**. Este proceso, conocido como 'desnitrificación', mantiene los niveles de **nitrógeno** en equilibrio.

D. Para incrementar el crecimiento de las plantas, algunos agricultores añaden **fertilizantes** artificiales al suelo para aumentar los niveles de **nitrógeno** en el suelo y proporcionar más **nutrientes** a las plantas. La producción de **fertilizante** es sólo un ejemplo de la actividad humana que utiliza los **combustibles fósiles** y añade más **dióxido de carbono** a la **atmósfera**.

Es muy asombroso lo importantes que son los suelos para la vida en la Tierra, ¿no es verdad? ¿Puedes imaginarte cómo sería la vida sin suelos buenos y saludables?

USOS HUMANOS

Además de su contribución a la vida vegetal y animal, los suelos también proporcionan muchos servicios directos a los humanos.

Alimento

El suelo es el fundamento de la agricultura pues sustenta a los cultivos y al ganado y, por lo tanto, tener suelos saludables es absolutamente vital para ser capaces de alimentar a los 7 mil millones de personas que viven en la Tierra. Sin suelos de buena calidad, los cultivos no pueden sobrevivir, lo cual puede conducir a la hambruna y a la inanición. Piensa en los alimentos que has comido hoy. Si desayunaste pan, cereales o frutas, todos esos alimentos provienen de cultivos y plantas que dependen del suelo para obtener los **nutrientes** y el agua que necesitan para crecer. ¿Puedes pensar en algún alimento que no dependa del suelo?

¿SABÍAS?

✳ De acuerdo con la FAO, el 99 por ciento de nuestros alimentos provienen de nuestro suelo. ¡Esto hace que sólo el 1 por ciento provenga de los **ecosistemas** acuáticos como el océano y los ríos!

✳ Cerca de un acre de tierra se utiliza para suministrar el alimento para cada persona del mundo. Eso es sólo un poco más pequeño que un campo de futbol. ¿Qué cultivarías en tu campo?

Fibras

Las fibras naturales como el yute y el algodón también provienen de las plantas, las cuales naturalmente necesitan del suelo para sobrevivir. Nosotros utilizamos estas fibras naturales para la vestimenta, para los textiles, para el mobiliario de casa y para un número de otros usos. De acuerdo con *Cotton Incorporated*, el 68 por ciento de la vestimenta de mujer y el 85 por ciento de la vestimenta de hombre contiene algodón. ¿Estás usando algodón o alguna otra fibra natural hoy?

Combustible

Al sustentar a la vida vegetal y animal, el suelo también contribuye a la provisión de **biomasa**. La **biomasa** -como la madera, la paja y los alimentos o los desperdicios de los animales- es una importante fuente de energía que se elabora con materia vegetal o animal. A diferencia de los **combustibles fósiles**, la **biomasa** se refiere a los materiales frescos que no tardan millones de años en formarse. Anteriormente, aprendimos cómo las plantas absorben la energía de la luz solar durante la **fotosíntesis**. Esta energía se almacena en la planta y es liberada en forma de calor cuando esta es quemada. Por ejemplo, la madera de los árboles que se utiliza para quemarla en las chimeneas es un combustible de **biomasa**. La **biomasa** es una opción simple de combustible para muchas personas de países donde el acceso a la electricidad u otros servicios energéticos es escaso. De hecho, de acuerdo con la Organización Mundial de la Salud, 2.4 mil millones de personas (cerca de 1 de cada 3 personas) alrededor del mundo utilizan combustibles de **biomasa** para cocinar y para la calefacción.

INFORMACIÓN GENERAL

Curaciones terrestres

Los suelos tienen otro uso estupendo para los humanos: ¡estos son farmacias vastas y vitales! ¿Sabías que casi todos los antibióticos que tomamos para ayudarnos a combatir infecciones fueron elaborados usando **microorganismos** del suelo (*fuente*: Sociedad Estadounidense de Ciencias del Suelo)? Otras medicinas derivadas de los suelos incluyen ungüentos para la piel, medicamentos para la tuberculosis y medicinas para combatir los tumores.

Casas de barro

A lo largo de la historia, las personas han mezclado la tierra con el agua y materiales como la paja para crear ladrillos de barro para la construcción. ¿Has visto estas casas en tu región o has visto fotos de estas? Toda clase de arquitectura con ladrillos de barro existe alrededor del mundo, desde fuertes de 1.000 años de edad (llamados ksars) en Marruecos, a arcos, bóvedas y domos de 6.000 años de edad en el Valle del Nilo, hasta las tradicionales casas de adobe de varios pisos (ladrillos de barro y paja horneados bajo el sol) en gran parte de América Latina (*fuente*: Portal de Medio Ambiente de India). Incluso la Gran Muralla China fue construida con ladrillos de barro secos. La construcción con ladrillos de barro es una buena opción para muchas personas alrededor del mundo ya que no se requiere equipos mecánicos y es muy simple, pues utiliza los materiales naturales que se encuentran en ese lugar. Las casas de barro bien diseñadas tienen un buen aislamiento y suelen ser muy confortables - son calientes durante el invierno y frescas en el verano (*fuente*: Ingenieros Sin Fronteras).

Infraestructura

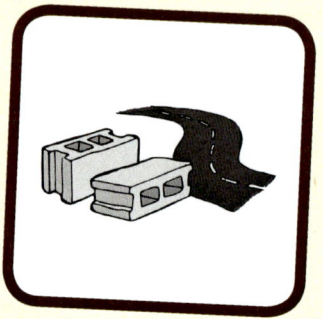

Adicionalmente, el suelo provee soporte y materiales para el asentamiento urbano y la **infraestructura**. La industria de la construcción utiliza mucha arena y ripio: estos materiales se usan para fabricar concreto, relleno para la construcción, controlar la nieve y el hielo, en sistemas de filtración de agua y también son mezclados con betún (una substancia negra pegajosa y un **combustible fósil**) para crear superficies para las carreteras.

Los suelos también brindan soporte para las bases físicas de casas, oficinas, carreteras, pistas y otras construcciones. Si bien algunos suelos no son apropiados para la construcción, ya que tienden a encogerse y no pueden soportar mucho peso, otros, como los suelos arenosos, proporcionan bases fuertes y sólidas para la construcción.

¿SABÍAS?

¿Has escuchado alguna vez o has visto fotografías de la Torre Inclinada de Pisa? Como el nombre lo sugiere, ¡este campanario de Italia está inclinado de un lado, lo que hace que un lado sea casi un metro más alto que el otro! Está inclinada de esta forma porque fue construida en un subsuelo suave que tuvo problemas para soportar el peso de la construcción de 14 500 toneladas. Los italianos empezaron a construir la torre en el año 1173 y les tomó 199 años terminarla debido a que dos guerras causaron largas pausas en su construcción. ¡Si no hubiera sido por estas pausas, el suelo no hubiera tenido tiempo de compactarse y estabilizarse y probablemente la torre se hubiera caído!

El suelo en la industria

El suelo provee materias primas como arcilla, arena, **minerales** y turba, las cuales son utilizadas en muchas aplicaciones industriales diferentes. Los **minerales** arcillosos del suelo tienen un rol comercial importante. La caolinita (también llamada 'arcilla china') es ampliamente utilizada en la industria de la cerámica y también es usada para revestir papel y como relleno en pinturas. La vermiculita es ampliamente utilizada para el aislamiento y como material de empaque; esta es muy absorbente y, por lo tanto, previene que los materiales empacados, como los químicos peligrosos, se filtren. La montmorillonita es utilizada en algunos productos de cuidado del cabello, como el champú, y como tratamiento para algunas condiciones de la piel (*fuente*: Centro de Investigación Conjunto de la Comisión Europea).

THEERTHALA SREE ALEKHYA, 9 años, INDIA

Recreación - ¡diversión lodosa!

A lo largo de las eras, nosotros hemos dependido de los suelos para crear lazos culturales, para la expresión artística y para la diversión buena y a la antigua. Al igual que los niños, muchos de nosotros disfrutamos jugar en la tierra. Creamos pasteles y castillos de barro y rodamos en el suelo hasta que nuestra ropa se convierta en una pesadilla de lavandería. Si bien esta es una forma divertida de interactuar con la naturaleza, algunos estudios indican que también ayuda a los niños a construir sistemas inmunes más fuertes y a desarrollar una mayor curiosidad y un espíritu de aventura.

Por supuesto, el suelo es un elemento básico en los paisajes más hermosos de nuestro planeta. Cada vez que visitamos parques, bosques, montañas y otras áreas de belleza natural, es fácil ignorar el hecho de que el suelo es un factor base para la existencia de ese lugar y para nuestra habilidad de explorarlo. Hacer excursiones, caminatas largas, acampar, practicar motociclismo de trial, trotar, esquiar -todas estas actividades involucran la presencia del suelo. De esta forma, el suelo también contribuye al **ecoturismo**, el cual se está haciendo cada vez más importante en muchas partes del mundo. El **ecoturismo** es un tipo de turismo que no sólo proporciona actividades recreativas divertidas, sino que también promueve la conservación, beneficia a las comunidades locales, brinda a las personas la oportunidad de explorar la naturaleza mientras aprenden e introduce a las personas a las culturas locales.

«La tierra es lo único en el mundo por lo cual vale la pena trabajar, luchar y hasta morir, porque es la única cosa que perdura».

Margaret Mitchell, *Lo Que el Viento se Llevó*

INFORMACIÓN GENERAL

Valor cultural

Durante siglos o incluso milenios, el suelo se ha abierto paso dentro de nuestras culturas, revelándose en nuestro arte, nuestra literatura, nuestras costumbres y nuestras creencias. Muchas personas sienten vínculos emocionales con el suelo de su tierra, por su significancia como el lugar de su nacimiento y la tierra donde sus ancestros caminaron durante generaciones. Algunas culturas entierran a sus muertos y simbólicamente retornan a su gente a la tierra. Otros también creman a sus muertos y dejan que las cenizas se conviertan en parte de la naturaleza -y del suelo- una vez más.

El suelo es una parte importante de nuestras obras de arte. La arcilla del suelo es utilizada para la fabricación de cerámicas y esculturas, las cuales han estado presentes durante milenios. Los suelos también han sido usados como pigmentos (colorante) para pinturas durante miles de años. Las culturas en Australia, Europa y América del Sur usaban las pinturas de tierra como una forma de comunicación en las cuevas y otras áreas resguardadas. Típicamente, se usaban los colores rojo, amarillo y naranja (llamados ocres), los cuales vienen del hierro que está presente en el suelo. ¡Intenta crear tu propia pintura de tierra en la actividad B.6 (p.87)!

El suelo también tiene otras contribuciones prácticas a la cultura. ¿Sabías que las mejores vajillas chinas están hechas de tierra? Los libros también dependen del suelo -de hecho, cerca del 70 por ciento del peso de un libro o de una revista con páginas brillantes está formado por recursos del suelo (*fuente*: www.envirothon.org/pdf/CG/Why_Soil_is_Important.pdf).

La tierra también ha sido siempre utilizada para los tratamientos de belleza. Los baños de lodo son tratamientos antiguos que se remontan a los días de Cleopatra, quien usaba lodo del mar muerto. Las personas también utilizan arcilla para tratamientos faciales en la forma de 'máscaras de lodo' para limpiar su piel.

EL SUELO EN PELIGRO

¿QUÉ ESTÁ DAÑANDO A NUESTROS SUELOS?

Es posible que te preguntes, ¿que podría dañar al suelo? Nosotros caminamos sobre este, conducimos sobre este e incluso fabricamos estadios gigantes y rascacielos sobre este. ¡El suelo es resistente!

Tristemente, no es lo suficientemente resistente para soportar todo el daño causado por nuestras muchas actividades. ¿Sabías que a nivel mundial estamos perdiendo 10 millones de hectáreas de suelo fértil cada año? ¡Eso es igual a 30 campos de futbol americano cada minuto! Cuando el suelo es afectado de una forma que lo hace menos productivo para la producción de cultivos, así como menos diverso biológicamente, esto se conoce como **degradación**. La mayoría de esta **degradación** (el 75 por ciento) se debe a prácticas agrícolas insostenibles - las formas en las que actualmente cultivamos los suelos (*fuente*: www.summerofsoil.se/soil).

El suelo es un recurso no renovable en la línea del tiempo humana, lo que significa que no podemos reemplazar todo el suelo saludable que perdemos - tomaría millones de años hacer eso. ¡Recuerda, toma aproximadamente 2000 años fabricar sólo 10 cm de **mantillo**! No obstante, hay mucho que podemos hacer para prevenir pérdidas futuras y también existen formas de ayudar a hacer que el suelo esté saludable nuevamente. Antes de revisar los pasos prácticos que podemos tomar, echemos un vistazo más de cerca a los factores detrás de la **degradación** del suelo.

Erosión

La **erosión** significa 'desgastar' y es una importante causa de la **degradación** del suelo. La **erosión** provoca la pérdida del **mantillo** y, por lo tanto, hace que la tierra sea menos apropiada para producir cultivos. Muchas prácticas agrícolas contribuyen a la erosión debido a que no son llevadas a cabo de una manera **sostenible** (es decir, de una forma que proteja y preserve los suelos de modo que estos puedan ser usados en el futuro). En la p. 59 encontrarás algunas de las principales prácticas agrícolas que causan **erosión**:

★ El **pastoreo excesivo** (tener demasiados animales alimentándose en un área de tierra) es un ejemplo. Los animales se comen las plantas con más rapidez que la capacidad de estas para volver a crecer y, por último, la tierra pierde su **vegetación**. La pérdida de **vegetación** hace que la tierra sea más vulnerable a la **erosión** y empeora la calidad del agua del suelo. Los animales también desgastan el **mantillo** con sus patas - y mientras más animales, más patas...

★ La **deforestación** (convertir zonas boscosas en tierras para granjas y haciendas al talar los árboles) también es un gran contribuyente a la **erosión** del suelo. Los árboles anclan el suelo, ayudan a mantenerlo húmedo y saludable y funcionan como un refugio natural contra la **erosión** del viento y del agua. Removerlos hace que el suelo sea muy vulnerable a la **erosión**.

★ **Cultivar en terrenos inclinados** es una causa importante de la **erosión**, especialmente cuando se realiza sin ninguna medida de conservación como la agricultura de contorno (arar, plantar y desherbar a través de la pendiente en lugar de hacia abajo de la misma). El suelo es más delgado en las pendientes pronunciadas y cultivar en estos lugares puede incrementar la **escorrentía** una vez que los cultivos han sido cosechados y el suelo es expuesto.

Contaminación

La **contaminación** del suelo sucede cuando substancias dañinas (contaminantes) se mezclan dentro el suelo. Por ejemplo, el agua que contiene contaminantes, como aguas residuales de una fábrica o planta industrial, deposita estas substancias en el suelo a medida que fluye sobre o por medio de este. Más de 200 años de industrialización alrededor del mundo ha hecho que la **contaminación** del suelo sea un problema generalizado. Los contaminantes más frecuentes son los metales pesados y el aceite **mineral** y han causado contaminación en aproximadamente 3 millones de lugares en el mundo (*fuente*: www.summerofsoil.se/soil/threats-to-soil/2). El suelo contaminado puede perjudicar a las plantas cuando estas absorben la **contaminación** por medio de sus raíces. También perjudica a la salud de los animales y los humanos cuando estos ingieren, inhalan o tocan el suelo contaminado o cuando estos comen plantas o animales que han sido afectados por la **contaminación** del suelo (*fuente*: Agencia de Protección Ambiental de los EE.UU.).

Agotamiento de materia orgánica y nutrientes

El 'agotamiento de la materia orgánica' es la pérdida del material **orgánico** de los suelos ('agotar' significa 'reducir' o 'acabar'). Por ejemplo, esto ocurre cuando se talan los árboles (**deforestación**), cuando se quema **biomasa**, cuando se drenan los **humedales**, cuando se labra el suelo o cuando se usan en exceso pesticidas u otros químicos. El **monocultivo** también disminuye los **nutrientes** del suelo. El **monocultivo** es un tipo de agricultura donde sólo un cultivo o especie de planta altamente rentable es cultivada en un área grande. Esto agota el suelo más rápidamente que si diferentes tipos de cultivos se cultivaran y rotaran en la misma zona, esto se debe a que un único cultivo usa constantemente los mismos **nutrientes** del suelo. Si se rotan diferentes cultivos, **nutrientes** un tanto diferentes serán absorbidos del suelo - o serán devueltos al sistema del suelo a medida que se **descomponen** esos cultivos.

¿SABÍAS?

La reducción o la pérdida de la materia **orgánica** del suelo puede causar:

* La pérdida de **biodiversidad** porque la mayoría de **organismos** del suelo se alimentan de materia **orgánica** para sobrevivir.

* La reducción de los **servicios de los ecosistemas**, como el almacenamiento y la filtración del agua.

* La reducción de la calidad del suelo para la mayoría de usos del suelo, particularmente para la agricultura.

* La liberación de **dióxido de carbono** hacia la **atmósfera**, lo cual acelera el **cambio climático**.

* El potencial de un aumento de la contaminación del agua, ya que muchos contaminantes (por ej. los metales pesados, el **nitrógeno**, el fósforo y los pesticidas) son menos dañinos cuando están adheridos a la materia **orgánica**.

Gestión insostenible del suelo

Las prácticas como el **pastoreo excesivo**, la **deforestación**, el **monocultivo** y la **contaminación** son todas formas de gestión insostenible del suelo que pueden causar una seria **degradación** del suelo. Explotar los recursos del suelo estación tras estación agota el suelo y es también un problema grave. Sin embargo, ¡está en nuestro poder cambiar esta situación! Practicar más técnicas **sostenibles** como la rotación de cultivos y de ganado puede ayudar a mantener los niveles de **nutrientes** y conservar saludables a los suelos.

Sellado

El 'sellado' es la cubierta permanente del suelo con **infraestructura** urbana, como carreteras y edificios. Esto sucede cuando la tierra rural no desarrollada se pierde como resultado de la expansión urbana, el desarrollo industrial o la construcción de **infraestructuras** de transporte. El sellado normalmente involucra la remoción de las capas de **mantillo**, lo que resulta en la pérdida de importantes funciones del suelo, como la producción de alimentos, el almacenamiento del agua o la regulación de la temperatura. El sellado no sólo destruye la tierra agrícola productiva, sino que también destruye el **hábitat** de una amplia variedad de **organismos**. Adicionalmente, se aumenta el riesgo de inundaciones al incrementar la cantidad de agua que corre sobre la tierra como **escorrentía** debido a que el suelo ya no puede absorberla.

Compactación

Se dice que el suelo está 'compactado' cuando sus partículas son forzadas a acercarse más, lo cual reduce el número y el tamaño de los **poros** en el suelo y daña su estructura. Esta es causada con frecuencia por el uso de maquinaria pesada, como los tractores, en la agricultura. La compactación reduce la habilidad del suelo para almacenar agua e impide la **infiltración** del agua, lo cual hace que el agua esté menos disponible para las raíces de las plantas y también aumenta la **escorrentía**, la cual puede incrementar el riesgo de inundaciones. La compactación también aumenta el riesgo de **erosión** del suelo. La compactación reduce la cantidad de **oxígeno** disponible para los **organismos**, lo cual supone un peligro para la **biodiversidad** del suelo, esto se debe a que los **poros** del suelo se hacen demasiado pequeños para permitir que las criaturas que viven en el suelo hagan sus túneles para poder moverse.

Salinización

La **salinización** ocurre cuando el nivel de sal del suelo se eleva mucho. Una vez más, la agricultura es la principal responsable cuando el suelo es irrigado artificialmente (esto se conoce como **irrigación**). Las malas prácticas de **irrigación** pueden causar un aumento de la **salinidad** del suelo, a la vez que provocan la contaminación del agua. Los altos niveles de sal hacen que los suelos no sean aptos para el crecimiento de las plantas. Otro problema de la **irrigación** mal gestionada es que algunas veces puede resultar en el **encharcamiento**. Esto significa que los espacios de aire del suelo se llenan con agua, lo cual corta el suministro de **oxígeno** para las raíces de las plantas y provoca su muerte. Los suelos encharcados también permiten que las bacterias desnitrificantes florezcan, lo que provoca que se pierdan altos niveles de **nitrógeno** del suelo. Esto puede afectar negativamente el crecimiento de las plantas ya que estas necesitan **nitrógeno** para crecer.

¿SABÍAS?

Las antiguas civilizaciones de Mesopotamia y Europa Occidental ya sabían sobre los efectos negativos de la salinización del suelo. Como castigo para los rebeldes, traidores o enemigos, se sembraba sal en la tierra que ellos usaban para hacer que estos desafortunados ya no pudieran cultivar más alimentos. Esto significaba que ellos no tenían más opción que mudarse. ¡Duro pero cierto!

Acidificación y alcalinización

La **acidificación** del suelo se produce cuando se acumulan **ácidos** en el suelo y se reduce su nivel de **pH** (echa un vistazo al diagrama de la p. 37 que explica la escala del **pH**). Los **ácidos** se pueden acumular en el suelo debido a la **lluvia ácida** y por el uso excesivo de ciertos **fertilizantes**. La contaminación también puede causar directamente la **acidificación** del suelo ya que las emisiones de **nitrógeno** en el aire pueden terminar siendo absorbidas dentro del suelo. Los suelos **ácidos** carecen de los **nutrientes** esenciales y contienen niveles muy altos de otros **nutrientes**, lo que hace más difícil que los cultivos crezcan y prosperen en ese lugar.

Por otro lado, la **alcalinización** de los suelos ocurre cuando el nivel de **pH** del suelo es elevado (es decir, el suelo es **básico**). Tales suelos tienen menos **poros** (o más pequeños) y, por lo tanto, tienen una baja capacidad de **infiltración** del agua. La **alcalinización** del suelo puede suceder como resultado de las actividades humanas, agrícolas, industriales y domésticas, que liberan sales hacia los ríos y el agua subterránea. Esto eventualmente incrementa la **salinidad** del suelo, lo que perjudica a la salud y a la calidad del suelo.

Cambio Climático

Se espera que el **cambio climático** provoque toda clase de cambios en los patrones del **tiempo** alrededor del mundo. Algunas partes ya están experimentando precipitaciones reducidas o erráticas o están sufriendo periodos de **sequías** más frecuentes y severos. Otros lugares están soportando lluvias y tormentas más intensas. En general, estos cambios afectarán cada vez más a los suelos al provocar:

* La **erosión** del suelo debido a precipitaciones más fuertes y frecuentes.

* La pérdida de materia **orgánica** debido a tasas de **descomposición** más veloces como resultado de temperaturas más calientes y una mayor humedad del aire.

* La reducción de la fertilidad del suelo.

* La reducción de la cantidad de agua disponible para las plantas y los cultivos como resultado de las **sequías**.

* La reducción del potencial del suelo para **secuestrar carbono** (su habilidad para almacenar el **carbono**).

* Un incremento de los brotes de plagas.

Descubre más:

Economía de la Degradación de los Suelos: **http://inweh.unu.edu/eld** y **www.eld-initiative.org**

UN ESTUDIO DE CASO SOBRE LA DEGRADACIÓN: DESERTIFICACIÓN

La **desertificación** es un problema global que afecta directamente a 250 millones de personas y a un tercio de la superficie terrestre de la Tierra (más de 4 mil millones de hectáreas).Las **tierras secas** son una de las áreas con mayor riesgo; de hecho, cerca del 70 por ciento de las 5,2 mil millones de hectáreas de **tierras secas** utilizadas para la agricultura en todo el mundo ya están **degradadas** y amenazadas por la **desertificación**.

Como aprendimos anteriormente, la **salinización**, la **erosión** y la mala gestión de la tierra son todos factores que llevan a la **degradación** del suelo. Si estos factores se intensifican, la **desertificación** se convierte en una amenaza real. No es sólo una cuestión relacionada con el **cambio climático**: las prácticas de **irrigación** insostenibles que usan los suministros locales de agua para la agricultura pueden provocar que los ríos y los lagos se sequen - tanto el Mar de Aral (entre Kazajstán y Uzbekistán) como el Lago Chad (entre Chad, Níger y Nigeria) han experimentado una dramática reducción de sus costas de esta manera.

La **degradación** y la **desertificación** del suelo también amenazan la cantidad de alimentos que podemos producir. Uno de cada tres cultivos que se producen hoy en día proviene de las **tierras secas**. Estas regiones también sustentan al 50 por ciento del ganado del mundo y son **hábitats** importantes para la vida silvestre. En pocas palabras, para combatir el hambre y la pobreza, es esencial que mejoremos la gestión de los suelos en estas regiones y que prevengamos una mayor **degradación**.

La **desertificación** también puede causar problemas políticos y socio-económicos y representa una amenaza para el equilibrio del medio ambiente en general de las regiones afectadas. Cuando la tierra se torna menos productiva, la pobreza incrementa y los agricultores deben mudarse a tierras más fértiles o a las ciudades. De hecho, 135 millones de personas -el equivalente a la población de Alemania y Francia combinadas- están en riesgo de ser desplazadas como resultado de la **desertificación**. Durante los próximos 20 años, se espera que eventualmente 60 millones de personas se muden de las zonas desertificadas del África Subsahariana hacia el norte de África y Europa. La **desertificación** también puede llevar a conflictos debido a que las personas luchan por obtener acceso a los limitados suministros acuáticos y a tierras fértiles.

(*Fuente*: CNULD).

SUELOS Y POBREZA

Como puedes imaginarte, las amenazas a la salud del suelo son extremadamente amenazantes para el bienestar humano. Ahora somos 7 mil millones de personas en el planeta y se espera que para el 2050 nuestra población incremente en otros 2 mil millones. Se estima que 870 millones de personas alrededor del mundo sufren de hambre, y alimentar al planeta es una cuestión que sólo se irá agravando. Puedes aprender más sobre estas cuestiones en la *Insignia Acabar con el Hambre* de la YUNGA. Mientras más suelo perdamos, más difícil será cultivar los alimentos necesarios para alimentar a todos. La agricultura ya se ha ralentizado en muchas áreas y existe un desbalance cada vez mayor entre la disponibilidad y la demanda de recursos de tierra y agua. Muchas áreas están llegando al límite de su habilidad para producir alimentos (*fuente*: FAO).

La **degradación** de la tierra es un problema serio para muchas de las personas más pobres del mundo. Estas son particularmente vulnerables ya que tienen un acceso limitado a la tierra y al agua, lo que les encierra en una trampa de pobreza. Muchas sobreviven al mantener pequeñas granjas que tienen suelos de baja calidad y que tienen un alto riesgo de enfrentar incertidumbres **climáticas** como inundaciones y **sequías**. Las tecnologías y los sistemas agrícolas disponibles para los pobres suelen ser sistemas de baja calidad que contribuyen a la **degradación** del suelo. Por esta razón, la **degradación** del suelo es mayor en áreas con poblaciones altamente pobres (*fuente*: El Estado de los Recursos de Tierras y Aguas del Mundo para la Alimentación y la Agricultura, FAO).

La figura inferior muestra que mientras más alto es el nivel de pobreza, más alto es el nivel de la **degradación** de la tierra.

Sin embargo, ¡con prácticas de gestión **sostenible** de los suelos podemos ayudar a potenciar los suelos saludables y evitar la **degradación** del suelo! Descubre más en la Sección D.

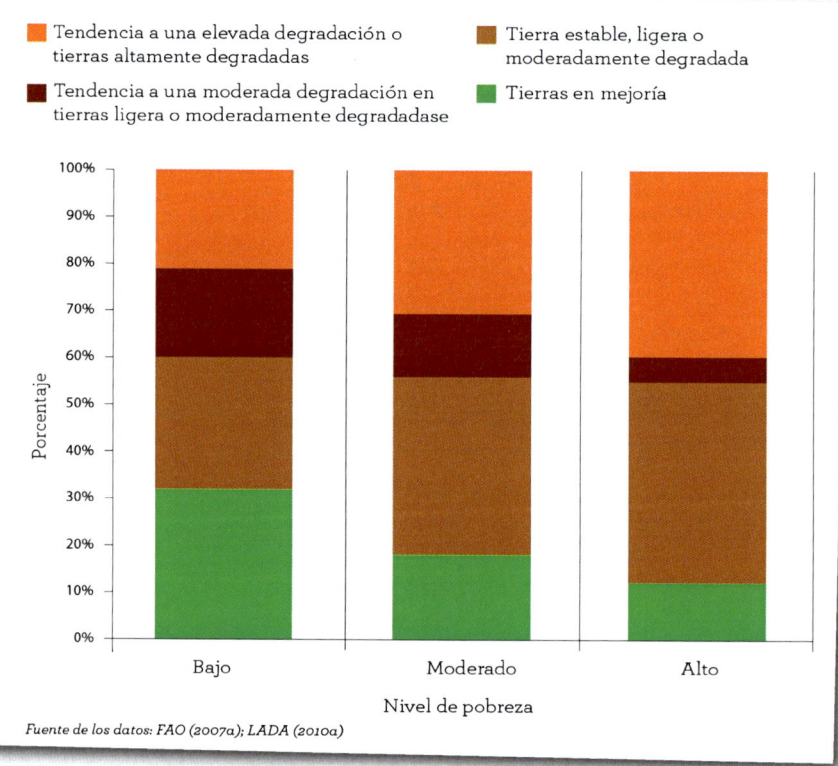

Fuente de los datos: FAO (2007a); LADA (2010a)

Siguiente página: CHO KIU WONG, 17 años, HONG KONG, CHINA

TOMA
ACCIÓN

LLAMADO POR LA PROTECCIÓN DEL SUELO

Los suelos de nuestro mundo están bajo presión. Tanto las actividades humanas como aquellas naturales están dañando al suelo hasta el punto de que el 25 por ciento de los suelos de la Tierra están degradados, es decir, severamente dañados (*fuente*: FAO). Cuando estos están degradados no son capaces de cumplir con sus funciones vitales. Continúa leyendo para averiguar qué cosas podemos hacer para proteger y preservar los suelos alrededor del mundo. ¡Toma el desafío e involúcrate para salvar a nuestros suelos!

ACCIONES PARA GOBIERNOS Y ORGANIZACIONES INTERNACIONALES

Acabamos de aprender sobre los riesgos que enfrenta la preciosa reserva de suelo de nuestro mundo; ahora es momento de algunas buenas noticias. Muchas personas y organizaciones alrededor del mundo están trabajando arduamente para proteger el suelo y se está realizando un gran trabajo. Aquí hay algunas de las maneras en que se está haciendo una diferencia:

Promoviendo la agricultura sostenible y la gestión sostenible del suelo

Muchos gobiernos, organizaciones internacionales y grupos medio ambientales están trabajando para mejorar las prácticas agrícolas y la gestión del suelo alrededor del mundo. Esto incluye combatir la **deforestación**, el **pastoreo excesivo**, el uso excesivo de químicos y otros factores que contribuyen a la **degradación** del suelo. Mejores leyes y políticas pueden ayudar a garantizar que las personas empleen técnicas agrícolas más **sostenibles**, así como proporcionar a los agricultores la información y los recursos necesarios. Por ejemplo, Paraguay aprobó una Ley de Deforestación Cero en el 2004, después de la cual logró reducir la tasa de **deforestación** en 85 por ciento (*fuente*: WWF).

Mejorando la eficiencia del agua

Mejorar la eficiencia en el uso del agua en la agricultura es otra tarea importante para los agricultores, los líderes y los gobiernos. La **escasez de agua** representa un enorme riesgo para la salud del suelo, lo cual lleva a la **degradación** y, finalmente, a la **desertificación**. La mayoría de sistemas de **irrigación** a través del mundo no usan el agua de la manera más eficiente. La combinación de una gestión mejorada del esquema de **irrigación**, de inversión en el conocimiento local y en tecnología moderna, de desarrollo del conocimiento y de capacitaciones puede incrementar la eficiencia en el uso del agua.

Adaptación

La adaptación es el proceso de preparar o ajustar algo o alguien con el fin de que sobreviva en un medio ambiente específico. La adaptación es muy importante de cara al **cambio climático** ya que debemos aprender cómo alterar nuestros estilos de vida, nuestra agricultura, nuestra **infraestructura**, etc., para estar preparados para los cambios en la temperatura, en los patrones del **tiempo** y para otros efectos esperados del **cambio climático**. Los suelos juegan un rol crucial en este aspecto. La agricultura y el cambio climático están muy estrechamente vinculados debido a que la salud del suelo, el rendimiento de los cultivos, la **biodiversidad** y el uso del agua se ven directamente afectados por un **clima** cambiante. Los científicos, los expertos agrícolas y los formuladores de políticas están trabajando para encontrar formas de ayudar a que el suelo se haga más resiliente a los impactos del **cambio climático**; en otras palabras, para que sea más capaz de lidiar con estos cambios.

Creando conciencia

Pasar la voz es una de las mejores formas de crear un cambio y muchas organizaciones internacionales, organizaciones no-gubernamentales y otros grupos están alzando la voz por los suelos.

En sus sitios Web podrás encontrar datos y cifras, información detallada e ideas sobre cómo puedes unirte a sus esfuerzos -para empezar, echa un vistazo a la sección de Recursos e Información Adicional en las pp.102-107. La Alianza Mundial por el Suelo de la FAO, junto con sus socios, ha establecido el Día Mundial del Suelo el 5 de diciembre y el Año Internacional de los Suelos en el 2015. La Asamblea General de las Naciones Unidas también declaró el 17 de junio como el Día Mundial de Lucha Contra la Desertificación y la Sequía. ¡Estas son tres valiosas oportunidades para despertar conciencia sobre la importancia de los suelos!

LEKSI JARINA, 18 años, UCRANIA

¡ACCIONES PARA TI!

¡Tú puedes hacer una diferencia! Aquí hay unos pocos pasos que todos nosotros podemos tomar para asegurarnos de que nuestras acciones contribuyan a la conservación y al uso **sostenible** de los suelos:

Busca los datos

Esperamos que esta información general te haya provisto un buen panorama sobre los suelos, sus beneficios y los riesgos que estos enfrentan. Ahora es tiempo de aprender sobre el suelo en tu comunidad. ¿Existen áreas donde el suelo no es correctamente gestionado? Aprende sobre las conexiones entre la salud y la vitalidad de tu medio ambiente natural y tu propia salud. Existen muchas fuentes diferentes de información, por ejemplo, puedes hablar con personas de tu municipalidad local, de tu gobierno local o de tu gobierno nacional sobre las formas cómo el suelo puede ser usado y gestionado de una manera más **sostenible** en tu área.

Compra con inteligencia

Compra productos de **esquemas de certificación**, los cuales garantizan que ciertos principios medio ambientales y sociales se han seguido durante la producción del producto. También pide a tus padres y amigos que cambien sus hábitos de compra para que se hagan más amigables con el suelo/medio ambiente. Existen varias etiquetas confiables que puedes buscar al momento de comprar tales productos: por ejemplo, las etiquetas orgánicas nacionales o internacionales y las etiquetas de la Fundación Comercio Justo (**www.fairtrade.org.uk**) y del Consejo de Manejo Forestal (**ic.fsc.org**). Averigua más sobre varias opciones de compra en la p.72.

ORGÁNICO, LOCAL Y DE COMERCIO JUSTO

La **agricultura orgánica** es un método agrícola que respeta los ciclos de vida naturales de las plantas y del ganado. Sólo ciertos métodos pueden ser utilizados para practicar la **agricultura orgánica**, como cultivar y rotar una mezcla de cultivos añadiendo sólo **fertilizantes** como **compost** o estiércol de animal u otros productos biológicos. Estas prácticas benefician a los

organismos vivos del suelo y también incrementan el **secuestro de carbono** del suelo, preservan la **biodiversidad** y contribuyen al bienestar general del **ecosistema** del suelo.

Al mismo tiempo, a veces es mejor comprar productos que han sido **producidos localmente** en tu área, en lugar de comprar tomates orgánicos importados de otro país (cuyo transporte requiere más energía y produce más **gases de efecto invernadero**).

Esquemas **éticos o de comercio justo** promueven los derechos de los agricultores al garantizar que reciban un salario justo por su trabajo y que sus derechos humanos sean respetados. Las prácticas éticas o de comercio justo también pueden promover la **sostenibilidad** medio ambiental al utilizar métodos como prácticas de **irrigación sostenible** y gestión **sostenible** de plagas y desperdicios.

Para ser certificado como un productor orgánico o de comercio justo, las granjas deben cumplir con ciertos estándares y legislaciones. El etiquetado y los logos que se encuentran en los productos garantizarán si es un producto orgánico, tradicional, local o de comercio justo. ¡Busca estas etiquetas la próxima vez que estés comprando!

Haciendo compost

¡Hacer **compost** es una forma grandiosa de usar sobras de alimentos y desperdicios del jardín para añadir más **nutrientes** a tu suelo! Puedes hacer **compost** al combinar materiales **biodegradables** como hierbas y plantas viejas del jardín con cáscaras de vegetales y corazones de frutas de tu cocina. Después de que el material recolectado ha sido **descompuesto** por las bacterias y otros **organismos** que se alimentan de este, puedes añadirlo a tu suelo. El **compost** mejora la nutrición del suelo y ayuda a algunas plantas a resistir las enfermedades comunes. Este también ayuda a que el suelo se mantenga húmedo al incrementar los niveles de **MOS**. ¡Al hacer **compost** mejoras la salud de tu jardín, reduces tu volumen de basura y también tienes la oportunidad de ver a todos los espeluznantes insectos que viven en nuestros desperdicios y se alimentan de estos!

El poder de las plantas

Como sabes, el suelo, el agua y la **vegetación** son mejores amigos, así que mantén feliz a tu suelo al cuidar de sus verdes amigos. Identifica las áreas naturales y los 'espacios verdes' en tus comunidades, incluso los pequeños parques del vecindario, y revisa cómo se encuentran. ¿El área se ve saludable y parece que ha recibido cuidado o necesita algo de ayuda? Si encuentras un espacio sin ninguna planta, una actividad divertida y útil que puedes hacer es plantar árboles, césped y flores en ese lugar. Al plantar especies naturales en áreas donde ocurrirían naturalmente, puedes ayudar a prevenir que el suelo se erosione, hacer tus alrededores más hermosos y también ayudar a combatir el **cambio climático**. Esta también puede ser una grandiosa forma de despertar conciencia entre tu familia, tus amigos y en tu comunidad más amplia acerca de los múltiples beneficios de la **vegetación** para los suelos.

No obstante, plantar algo no es el fin. ¡También debes estar preparado para cuidarlo! Aprende sobre métodos agrícolas **sostenibles**. Junto con gestionar el suelo, puedes tratar de atraer 'insectos benéficos' a tus plantas y usar **fertilizantes** elaborados con materiales naturales que no son dañinos como los **fertilizantes** químicos.

Mantén limpio el suelo

Ayuda a mantener limpio y hermoso a tu medio ambiente; mantén los ojos abiertos ante la basura y elige productos de hogar (productos de limpieza, pinturas, etc.) que no contengan **contaminantes** como cloro u otros químicos fuertes. Al usar productos eco-amigables puedes reducir la cantidad de **contaminantes** que ingresan al sistema acuático y que, eventualmente, terminan en el suelo.

Encoge tu huella de carbono

¡Ahorrar energía ayuda al suelo! Puede ser que no parezca obvio en un inicio, pero todo está conectado. Muchas de las cosas que hacemos diariamente consumen energía, como manejar un automóvil o dejar los electrodomésticos conectados incluso cuando no están en uso. Debido a que la mayoría de nuestra energía proviene de **combustibles fósiles**, estas acciones contribuyen al **cambio climático** y a la contaminación del aire, y ambas representan grandes amenazas para el suelo.

Evita sellar el suelo

Fíjate en los proyectos de construcción en tu área que están destruyendo zonas ricas en recursos naturales y habla con tu municipalidad local sobre la posibilidad de evitar que se construya ese edificio. Tal vez no serás capaz de frenar todas las construcciones en tu área (¡nadie te está pidiendo que renuncies a la comodidad de tener un techo sobre tu cabeza!), pero, a una escala menor, al menos puedes hablar con tus padres, tus vecinos y con la comunidad en general sobre la importancia de proteger el suelo de la mejor forma posible. ¡Incluso pensar nuevamente si en realidad necesitas un nuevo patio hace la diferencia! Existen opciones eco-amigables para proyectos de construcción, como construir hogares sobre pilotes de modo que el suelo no sea bloqueado y sellado o carreteras que utilizan una estructura en forma de panal con el fin de que no se cubra con asfalto toda la superficie del suelo. ¿Puedes pensar en otros ejemplos?

Pasa la voz

Echa algunos datos lodosos a tu familia, amigos y miembros de tu comunidad. ¡Haz que unan sus fuerzas contigo para que ayuden a proteger esta fuente clave de vida! Incluso una pequeña acción, como publicar una actualización sobre los suelos en tu perfil de un medio social, es una buena manera de hacer que tus amigos piensen sobre su importancia. Tal vez puedas iniciar un blog o escribir un artículo para una revista o un periódico.

Por supuesto, las actividades de esta Insignia son una grandiosa forma de iniciar todos estos pasos... Así que, ¿qué estás esperando? ¡Empieza a cavar!

NAYLEE NAGDA, 13 años, KENYA

SECCIÓN A:

TODO SOBRE EL SUELO

HAZ LA **A.1.** O LA **A.2.** Y (AL MENOS) UNA ACTIVIDAD DE TU ELECCIÓN. LUEGO DE COMPLETAR NUESTRAS ACTIVIDADES DE **TODO SOBRE EL SUELO**, TÚ:

* **ENTENDERÁS** los conceptos básicos sobre la composición del suelo, sus capas, etc.

* **ESTARÁS FAMILIARIZADO** con la situación del suelo en tu área.

HAZ UNA DE LAS DOS ACTIVIDADES OBLIGATORIAS ENUMERADAS A CONTINUACIÓN:

A.01 CAVA PROFUNDAMENTE Visita unos pocos espacios naturales en tu área: parques locales, jardines o incluso un bosque, si es posible. Examina el suelo de cada lugar. ¿Notas algunas semejanzas o diferencias? ¿El suelo es obscuro y húmedo, con mucha **vegetación**, o está seco y descubierto? ¿Qué clase de árboles y plantas están presentes? Usa una pequeña pala para cavar un hoyo (sin destruir las plantas) de al menos 30 cm de profundidad (¡asegúrate primero de obtener la autorización de los dueños o de los administradores del terreno!). Observa la estructura del suelo a las diferentes profundidades. ¿Puedes ver diferentes **horizontes del suelo**? ¿Qué hay en cada horizonte? ¿Cómo es la textura? Haz una evaluación sobre la textura del suelo usando el triángulo de textura (mira la p.33). ¿Qué tan húmedo está el suelo? ¿Ves algunas lombrices, insectos o arañas? Haz bocetos o toma fotografías. Asegúrate de rellenar el hoyo antes de irte. Prepara un folleto al combinar tus notas y tus fotos. Compartan y discutan sobre sus folletos con su grupo. ¿Cuál es el tipo de suelo más común de su área? ¿Notaron las mismas cosas? ¿Qué encontraron en algunas ubicaciones que no encontraron en otras? ¿Qué creen que eso significa?

NIVEL ③ ② ①

A.02 ANÁLISIS DE SUELOS Existen miles de tipos de suelo alrededor del mundo y los científicos los han clasificado en categorías básicas: **http://forces.si.edu/soils/swf/soilorders.html**. Puedes encontrar algo de información sobre cada categoría en nuestra Hoja de Datos sobre el Suelo. Divídanse en grupos, cada grupo deberá enfocarse en un tipo de suelo diferente. Después de investigar un poco, cada grupo deberá realizar una presentación sobre su tipo de suelo. ¿Dónde se encuentra? ¿Qué tipo de **biodiversidad** vive en este? ¿Cuáles son sus principales características? Si ese suelo se encuentra en su área, lleven con ustedes una muestra para que la expongan junto con su presentación.

NIVEL ③ ② ①

ELIGE (AL MENOS) UNA ACTIVIDAD ADICIONAL DE LA SIGUIENTE LISTA:

A.03 FÁBULAS DE TRABAJO EN EQUIPO El paso del tiempo, las condiciones del tiempo (condiciones meteorológicas) y otros factores se unen para crear el suelo. Aprendan sobre cada factor. Luego, siéntense en grupo y cuenten una 'historia sobre el suelo' todos juntos, en esta cada persona debe decir una oración y la siguiente persona debe continuar desde donde se quedó la otra. Cada uno de ustedes debe incorporar de alguna forma uno de los factores que forman el suelo en su oración.

NIVEL ● ② ①

¡BUENA IDEA!

A.04 MARAVILLAS AGUSANADAS Crea tu propia 'lombricera' y ¡observa lo que estas maravillosas criaturas hacen dentro del suelo y por este! Es muy fácil hacer una 'lombricera'. Sólo necesitas un contenedor transparente, tierra, algo de arena fina y, por supuesto, ¡algunas lombrices! Coloca la tierra y la arena en capas a través del contenedor y observa cómo se mueven entre cada capa. A las lombrices no les gusta la luz brillante, así que cuando no estés observando su actividad, cubre tu lombricera con una toalla o con un periódico para mantener fuera a la luz. Cuando el experimento termine después de 2-3 días, regresa las lombrices cuidadosamente al lugar dónde las encontraste. En grupo, discutan sobre cómo las lombrices han usado el suelo y sobre cómo ayudan a mantener saludable al suelo. Para más detalles sobre cómo hacer tu lombricera, echa un vistazo a este sitio Web: **www.soil-net.com/dev/page. cfm?pageid=activities_wormery**.

NIVEL ● ② ①

A.05 CONOCIENDO A LOS INSECTOS

NIVEL
○
2
1

Desde lombrices hasta caracoles, escarabajos y arañas, el suelo es hogar de muchos insectos espeluznantes. Elige un insecto, molusco o **artrópodo** para que lo estudies. ¿Cómo se ve? ¿Cómo contribuye al **ecosistema**? ¿Cómo depende del suelo? ¿Dónde pertenece en la **red alimentaria**? ¿Se encuentra en tu región? Haz un póster donde el protagonista sea tu criatura. Si encuentras una muerta, podrías incluso incluirla en tu exhibición (¡pero ten cuidado de no tomar ninguna criatura viva de su **hábitat** natural!).

A.06 CONCURSO DE PRUEBAS

NIVEL
3
2
1

Divídanse en dos equipos. Uno deberá recopilar una lista de preguntas sobre las propiedades y los beneficios del suelo y el otro sobre las amenazas que enfrenta el suelo. Algunos ejemplos pueden ser: ¿cuántas personas dependen del suelo para obtener sus ingresos? ¿Cuáles son tres factores que causan la **erosión** del suelo? Luego, realícense las pruebas mutuamente y vean cuál equipo obtiene el mayor número de respuestas correctas *Pista: echen un vistazo a los recursos adicionales enumerados al final de este folleto para encontrar algunos datos geniales...*

A.07 ECHANDO RAÍCES

NIVEL
3
2
1

Investiguen sobre los suelos disponibles en su área y obtengan permiso para plantar algo, por ejemplo, su jardín, el jardín de un amigo o el patio de su escuela. ¿El suelo es fértil? Si no es así, tal vez podrían hacer que este sea un proyecto a más largo plazo, donde primero deberán pasar algo de tiempo preparando y consintiendo al suelo con **compost orgánico** y otras delicias para el suelo. Encuentren unos buenos consejos aquí: **http://urbanext.illinois.edu/firstgarden/basics/dirt.cfm**. Hagan una investigación para descubrir qué plantas sería factible plantar en su área. Pidan el consejo de un adulto, preferentemente de alguien que sepa sobre jardinería. Después de que hayan plantado su selección de plantas, tomen turnos para regarlas y cuidar de estas.

Manténganse atentos al suelo para prevenir la sequedad, el **encharcamiento** y otros problemas. Es posible que necesiten añadir **fertilizantes orgánicos** de vez en cuando.

¡BUENA IDEA!

A.08 INVESTIGANDO ROCAS Recolecta diferentes rocas de

NIVEL ❸ ❷ ❶

tu jardín, de tu parque local, del jardín de tu escuela y del costado de la carretera. Estudia sus formas, sus colores y sus tamaños. Compáralas con fotografías de rocas en línea o de una enciclopedia. ¿Puedes identificar las rocas que encontraste? Compara las colecciones de rocas dentro de tu grupo. ¿Cuáles son las más interesantes para observar? Si es posible, invita a un naturista, ambientalista, conservador de un museo natural o a un **geólogo** local para que hable con tu grupo. Tengan sus preguntas listas. ¿Qué rocas son estas? ¿Cómo se formaron? ¿Cuáles son sus características? ¿Se podrían encontrar las mismas rocas al otro lado del mundo en un medio ambiente diferente? ¿Qué tipos de suelos se formarían de la descomposición de estas rocas?

A.09 PÉRDIDAS Y GANANCIAS DEL CULTIVO Organicen una

NIVEL ❸ ❷ ❶

visita en grupo a una granja local, a un jardín comunitario local o a un proyecto agrícola con apoyo comunitario local. Hablen con los agricultores de ese lugar sobre aquello que se requiere para mantener al suelo fértil y productivo. ¿Qué desafíos enfrentan? ¿Qué tipo de agricultura practican, **agricultura orgánica** o convencional? Si la respuesta es orgánica: ¿cuáles son los principales problemas que enfrentan en su producción? ¿Insectos? ¿Plagas? ¿Cómo se deshacen de estos? Si es agricultura convencional: ¿cuáles son los principales problemas que enfrentan en su producción? ¿Es costoso comprar los **fertilizantes** y los pesticidas y cuánto deben usar? ¿Qué medidas toman para proteger al resto de la **vegetación** y a los cursos de agua cercanos a su tierra? Después de la visita, discutan en grupo sobre sus impresiones. ¿La visita les inspiró a involucrarse en la agricultura?

¡BUENA IDEA!

A.10 ECHA UNA MIRADA AL SUELO Si tienes acceso a un

NIVEL ③ ② ⬤

microscopio, por ejemplo en el laboratorio de tu escuela, recolecta algunas muestras de suelo y echa un vistazo más de cerca. ¿Las partículas son grandes o pequeñas? ¿Qué insectos u otros **organismos** puedes encontrar? También podrías usar una lupa en su lugar. Encuentra consejos útiles en este sitio Web: **www.education.com/science-fair/article/grainy**. ¿Qué conclusiones puedes sacar de tus muestras de suelo a partir de tus observaciones?

A.11 INVESTIGACIONES ELEMENTALES Los suelos contienen

NIVEL ③ ② ⬤

nutrientes, como calcio, potasio y hierro, que apoyan la producción de energía y otros procesos biológicos vitales. Averigua sobre los diferentes **minerales** que se encuentran en el suelo. Investiga qué **minerales** se encuentran en los diferentes tipos de suelo. ¿Para qué es bueno cada uno de estos? Búscalos en la tabla periódica de elementos para entender de mejor manera su posición entre otros elementos químicos. Crea una presentación que contenga datos e información interesantes en base a tu investigación.

A.12 HISTORIAS SOBRE EL SUELO El suelo tiene muchas

NIVEL ③ ② ⬤

capas diferentes, también llamadas **horizontes del suelo**. Elige un **horizonte del suelo** para este proyecto. Escoge una criatura que viva en este horizonte y ponte en su lugar para escribir una 'autobiografía'. ¿Cómo es la vida para ti al ser esta criatura? ¿Cómo son tus alrededores? ¿Qué haces diariamente? ¿Cómo interactúas con el suelo y con otros **organismos** que viven en las cercanías? Vuelve a unirte con tu grupo y, por turnos, lean sus autobiografías en voz alta. Tal vez incluso puedan hacer un dibujo de su criatura y crear una exposición en su clase o sala de reunión.

CURRÍCULO DE LA INSIGNIA DEL SUELO

A.13 UN ESTUDIO DE PH Suelos diferentes tienen diferentes tipos de **pH**. Averigua los niveles de **pH** de diferentes suelos (por ej. suelos arcillosos, suelos arenosos, etc.). ¿A qué tipo de plantas y animales sustentan cada uno de estos suelos? ¿Qué condiciones se juntaron para dar a cada tipo de suelo su **pH** particular? ¿Es posible encontrar alguno de estos suelos en tu área? Recolecta tantas muestras como puedas y etiquétalas con las notas de tu investigación. Compártelas con tu grupo.

NIVEL ③

A.14 Haz cualquier otra actividad aprobada por tu maestro, profesor o dirigente. NIVEL ① ② ③

BERNADETTE JASMIN D. GUIAO, 16 años, FILIPINAS

Siguiente página: SANCHANA LAXMAN JADHAR, 12 años, INDIA

82   ALIANZA MUNDIAL DE LA JUVENTUD Y LAS NACIONES UNIDAS SERIE 'APRENDER Y ACTUAR'

LOS USOS DEL SUELO

HAZ LA **B.1.** O LA **B.2.** Y (AL MENOS) UNA ACTIVIDAD DE TU ELECCIÓN. LUEGO DE COMPLETAR NUESTRAS ACTIVIDADES DE **LOS USOS DEL SUELO**, TÚ:

✳ ENTENDERÁS las numerosas formas en que los suelos sustentan a la vida vegetal y animal.

✳ APRECIARÁS cuán importantes son los suelos para el bienestar humano.

HAZ UNA DE LAS DOS ACTIVIDADES OBLIGATORIAS ENUMERADAS A CONTINUACIÓN:

B.01 ENCUESTA SOBRE EL SUELO Pregunta a tantas personas como puedas -amigos, padres, hermanos, profesores- sobre el rol que el suelo juega en su vida. ¿Les gusta la jardinería? ¿Practican juegos de césped o de campo? ¿Estudian el suelo o temas relacionados con el suelo, como la geología o la botánica? En caso de que te digan que el suelo no juega ningún papel en su vida, ten listos algunos datos sobre la forma en que todos dependemos del suelo (por ej. la mayoría de nuestros alimentos provienen del suelo, no tendríamos qué ropa ponernos sin el suelo, ni tampoco materiales para construir casas, y el suelo ayuda a combatir el **cambio climático**). Elabora una exposición creativa para presentar a tus entrevistados y sus respuestas. Organiza una 'casa abierta' para que tu familia y tus amigos vayan a observar tu exposición.

NIVEL 3 2 1

B.02 EL SUELO Y LA SALUD El suelo está conectado con nuestra salud de muchas formas diferentes. Este provee **nutrientes** importantes a las plantas y los cultivos, de los cuales posteriormente se alimentan los humanos. Muchas de las bacterias que se encuentran en los suelos son utilizadas en nuestras medicinas. Haz un póster que indique todas las maneras en que nuestro suelo está conectado con la salud humana. Incluye algunos datos extra en un lado del póster, como los principales **nutrientes** que son importantes para unos suelos saludables. ¿Estos son los mismos **nutrientes** que necesitamos como humanos?

NIVEL 3 2 1

TIFFANY HUANG, 7 años, FILIPINAS

ELIGE (AL MENOS) UNA ACTIVIDAD ADICIONAL DE LA SIGUIENTE LISTA:

B.03 TU FLOR FAVORITA ¿Cuál es tu flor o fruta favorita y por qué? ¿Alguna vez pensaste que tal vez no existiría sin la presencia del suelo? Averigua qué condiciones de suelo son mejores para esta. Escribe un poema sobre tu flor y todas las formas en que el suelo es importante para esta.

B.04 PASTELES DE LODO Entrega a cada miembro de tu grupo una pequeña bolsa de tierra, asegúrate de que no tenga ninguna piedra, rama u hoja dentro. Alternativamente, puedes hacer esta actividad afuera en un área de suelo (¡aunque eso podría hacerla incluso más desordenada!). Experimenten al añadir diferentes cantidades de agua a la tierra y mézclenla para hacer pasteles de lodo o ladrillos. Dejen su 'pasteles' para que se horneen en el sol durante un par de horas y luego vean si pueden construir algo con estos. ¿Los ladrillos son fuertes? Piensen en todos los usos humanos de los suelos y discutan sobre estos con el grupo.

B.05 CAMISETAS SUCIAS ¿Sabías que tu armario está lleno de tierra? Bueno, tal vez no exactamente, pero mucha de nuestra vestimenta se origina en el suelo. De hecho, las fibras, las cuales se usan para fabricar textiles, son una de las contribuciones más importantes del suelo para los humanos. Elige tu ítem de ropa favorito y revisa la etiqueta para ver de qué está hecho. Luego, investiga de dónde viene ese material y dónde se cultiva la fibra. Comparte tus hallazgos en el grupo.

NIVEL

NIVEL

NIVEL

CURRÍCULO DE LA INSIGNIA DEL SUELO

B.06 DIBUJOS POLVORIENTOS Recolecta
suelos de diferentes colores, aplástalos hasta
que se hagan polvo y mézclalos con un poco de
agua. ¡También podrías mezclarlos con pinturas de
diferentes colores! Experimenta con los diferentes colores
y texturas y luego haz dibujos con tu 'pintura de suelo'.
Encuentra instrucciones más detalladas en este sitio Web:
**www.nrcs.usda.gov/wps/portal/nrcs/detail/soils/edu/
kthru6/?cid=nrcs142p2_054304.**

NIVEL · 2 · 1

¡BUENA IDEA!

B.07 HÁBITOS ANIMALES No somos sólo nosotros los humanos
aquellos que hacemos uso de los suelos; muchos animales
también interactúan con el suelo de varias formas. Se
sabe que las aves toman 'baños de tierra' para limpiar sus
plumas y a algunos animales, como los chimpancés, se les
ha visto comiendo tierra. Visiten su zoológico, parque o
granja pública local para observar a los animales. ¿Cómo
interactúan con el suelo? Si es posible, hagan un video
y presenten sus hallazgos en forma de un documental.
De otra manera, hagan dibujos de sus observaciones.
Presenten todo en grupo.

NIVEL · 3 · 2 · 1

¡BUENA IDEA!

B.08 A DESEMPOLVAR LOS LIBROS VIEJOS Lee un libro en
el cual el suelo participe de forma grande o pequeña. Algunos
ejemplos son *Jack y los Frijoles Mágicos*, *James y el Durazno
Gigante*, *La Colina de Watership*, *Run to Earth*, *La Gran Fuga* o
Las Uvas de la Ira. ¿Qué rol jugó el suelo en la historia? ¿Qué
relación tienen los personajes con el suelo? ¿Cómo podrían
haber sido diferentes las cosas si el suelo no hubiese sido
parte de la acción?

NIVEL · 3 · 2 · 1

SUELO **A**

USOS **B**

PELIGRO **C**

ACCIÓN **D**

B.09 TRABAJANDO COMO ALFARERO Organicen un paseo en grupo a un taller de alfarería donde un instructor les pueda enseñar a trabajar. Pídanle que les explique qué materiales están usando y dónde entra la tierra en escena. ¡Luego pónganse creativos y elaboren cualquier cosa que les guste!

NIVEL ③ ② ①

¡BUENA IDEA!

B.10 SANEAMIENTO EN EL SUELO Los suelos son grandiosos filtros de agua. Recolecten algunas muestras de suelo y conduzcan un experimento para ver cómo el suelo remueve las impurezas del agua. Visita este sitio Web para aprender cómo hacerlo: **www.nrcs.usda.gov/Internet/FSE_DOCUMENTS/ nrcs142p2_050949.pdf**. Discutan sobre los resultados en grupo. ¿Funcionó mejor con unos suelos que con otros? ¿Por qué sucede eso? ¿Por qué es importante que los suelos actúen como filtros? ¿Cómo puede ser esto útil para los **ecosistemas**, así como para los hogares, la industria y la agricultura?

NIVEL ③ ② ●

B.11 JUEGO DE ADIVINANZA Suelos diferentes nos ayudan de formas diferentes. Por ejemplo, las **tierras secas** son muy importantes para la agricultura, mientras que los **humedales** juegan un papel enorme en la prevención de inundaciones. Elaboren un póster para enumerar diferentes tipos de suelo. Luego, jueguen un 'juego de adivinanza' con su grupo sobre cuáles **servicios de los ecosistemas** creen que provee cada tipo de suelo. ¿Están mayormente de acuerdo o en desacuerdo entre ustedes? Respalden sus elecciones con razones. Posteriormente, investiguen sobre las propiedades del suelo para ver qué tan cerca estuvieron.

NIVEL ③ ② ●

B.12 MEDITACIONES EN EL MUSEO Visita un museo
NIVEL ③ ② ● de arte local que exhiba esculturas o vasijas de arcilla.
¿Cuál es tu favorita? ¿Qué te dice sobre la persona que
las creó o sobre la civilización de la cual se origina?
Pregunta a una persona del museo sobre el proceso
involucrado en su elaboración. ¿Qué tipo de suelo se
usó? ¿Qué se añadió al suelo y cómo fue tratado
el suelo para crear esta pieza?

¡BUENA IDEA!

B.13 RECOLECTANDO DATOS ¿Alguna vez has
NIVEL ③ ② ● pensado de dónde vienen tus alimentos? Es
posible que te sorprenda saber cuántos de estos
dependen de los suelos. Haz un inventario de los
alimentos en tu hogar. Averigua qué cantidad de estos
necesitan del suelo para ser producidos. ¿Qué tal tus platos
preferidos? ¿De qué están hechos, y esos ingredientes también
provienen del suelo? Haz una lista de cada ítem de alimento
y del tipo de suelo que necesita para crecer. Compartan sus
hallazgos en grupo.

B.14 CLIMAS CAMBIANTES ¿Cuál es la conexión entre el suelo y
NIVEL ③ ● ● el **cambio climático**? ¿Cómo se ven afectados los suelos por
el **cambio climático**? ¿Qué tipos de suelos son los mejores
depósitos de **carbono**? ¿Cuáles son algunos de los desafíos
para intentar incrementar el potencial del suelo para almacenar
carbono? En grupo, investiguen algunos datos sobre el rol del
suelo en el **secuestro de carbono** y presenten sus hallazgos
a un grupo más amplio de amigos, padres, profesores, etc., en
forma de un panel de discusión; uno de ustedes deberá actuar
de moderador.

B.15 Haz cualquier otra actividad aprobada por tu maestro,
profesor o dirigente. NIVEL ① ② ③

SECCIÓN C:

EL SUELO EN PELIGRO

HAZ LA C.1. O LA C.2. Y (AL MENOS) UNA ACTIVIDAD DE TU ELECCIÓN. LUEGO DE COMPLETAR NUESTRAS ACTIVIDADES DE EL SUELO EN PELIGRO, TÚ:

* **ENTENDERÁS** los factores que están poniendo en peligro a los suelos alrededor del mundo.

* **RECONOCERÁS** por qué el suelo es importante para las vidas, los medios de subsistencia y los ecosistemas.

HAZ UNA DE LAS DOS ACTIVIDADES OBLIGATORIAS ENUMERADAS A CONTINUACIÓN:

C.01 REVISIÓN A LOS SUELOS Conduce una investigación sobre el suelo en tu área. Encuentra algunos expertos en suelos (por ej. agricultores locales, **geólogos** o tu departamento local de agricultura, etc.) y habla con ellos sobre los problemas del suelo en tu área. ¿Cuáles son los riesgos que el suelo enfrenta en la región? ¿La **contaminación** es un problema? ¿Han notado algún efecto del **cambio climático**? ¿Cómo están siendo afectadas otras cosas como resultado de los riesgos del suelo, como la agricultura, la horticultura, la calidad del agua, etc.? También podrías hablar con tus vecinos sobre cualquier dificultad que podrían estar enfrentando con los suelos de su jardín. Reúne toda la información y comparte tus hallazgos con tu grupo.

NIVEL **3** **2** **1**

C.02 SUELOS GLOBALES Se dice que el suelo está **degradado** cuando ha sido dañado gravemente. Averigua dónde se encuentran los suelos más **degradados** del mundo. ¿Qué causó esa **degradación**? ¿Qué problemas están ocurriendo como resultado? ¿Cómo están tratando las personas de arreglar el problema? Elige una región en particular y dibuja su mapa, sombrea las áreas donde se encuentran los suelos **degradados**. Incluye información sobre las causas y los impactos en el mapa. Hagan una exhibición en grupo de todos sus mapas e inviten a amigos, padres y profesores a que les visiten y aprendan sobre los suelos del mundo y las amenazas que enfrentan.

NIVEL **3** **2** **1**

LEUNG YAN NOK, 13 años, HONG KONG, CHINA

ELIGE (AL MENOS) UNA ACTIVIDAD ADICIONAL DE LA SIGUIENTE LISTA:

C.03 CANCIÓN POR EL SUELO Inventen una canción sobre el suelo y expliquen los diferentes factores que pueden dañarlo, como la **contaminación** y el **sellado**. (Podrían basarla en una canción popular que les guste). Interpreten la canción todos juntos en grupo.

NIVEL ● ● ①

C.04 LAVANDO LA TIERRA Observa la forma en que los suelos se desgastan (se erosionan) al verter agua sobre diferentes tipos de suelo (por ej. arena, lodo, arcilla, etc.). Compara un río (agua de una jarra) con la lluvia (agua de una regadera). ¿Algunos suelos se erosionan más fácilmente que otros? ¿Por qué crees que es así?

NIVEL ● ② ①

C.05 GRÁFICOS DEL SUELO Crea una tira cómica sobre el suelo en un lugar imaginario que está en riesgo debido a un problema particular (por ej. el **cambio climático** o la construcción). Inventa un superhéroe que salve al suelo de una forma única. Tu superhéroe no tiene que ser humano; él/ella podría incluso ser una bacteria o un **hongo**. ¡Haz a tus personajes tan descabellados como sea posible! Luego, pasen las tiras cómicas por toda la clase o grupo y disfruten. ¡No olviden también enviarlas por correo electrónico a **yunga@fao.org**!

NIVEL ● ② ①

¡BUENA IDEA!

¡BUENA IDEA!

C.06 ALIADOS TERRESTRES Muchas
plantas y animales ayudan a nuestros suelos a
mantenerse saludables, por ejemplo, las lombrices de
tierra reciclan los **nutrientes** del suelo y los árboles ayudan a
prevenir la **erosión**. Elige un 'aliado' del suelo y enumera todas
las maneras en que este ayuda al suelo. ¿Este **organismo** en
particular también está enfrentando algunas amenazas? ¿Qué
podría pasarle al suelo si este **organismo** desapareciera?

NIVEL ③ ② ①

C.07 OBSERVANDO EL TIEMPO Si tienes un jardín, empieza
a observar el efecto del **tiempo** en el suelo. Si no tienes un
jardín, observa el suelo en un parque local o en un bosque.
¿Si llueve fuertemente, el suelo se **encharca**? ¿Con un
tiempo cálido, se ve muy seco? ¿Qué se podría hacer para
mejor la habilidad del suelo para responder a las condiciones
climáticas cambiantes?

NIVEL ③ ② ①

C.08 TRABAJOS EN EL SUELO Enumera tantos trabajos
como puedas que dependen del suelo, tanto directa como
indirectamente. Con tu grupo, juega un juego de adivinanzas en
el cual una persona actúa el trabajo y las otras personas tratan
de adivinar cuál es. Posteriormente, organicen una discusión en
grupo sobre la forma cómo cada uno de estos trabajos podría ser
afectado por, o afectar, la **degradación** del suelo.

NIVEL ③ ② ①

PABLO ARIEL FUENTES, 20 años, ARGENTINA

93

¡BUENA IDEA!

C.09 **PREGUNTAS & RESPUESTAS** Divídanse

NIVEL ③ ② ●

en parejas, un miembro de cada pareja jugará el rol de agricultor y el otro de entrevistador/ reportero. Elijan un país para cada pareja. Cada agricultor deberá entonces pasar algo de tiempo investigando algunas cuestiones sobre el suelo en su país, mientras cada entrevistador prepara sus preguntas. Luego júntense en sus parejas y conduzcan una entrevista, cada reportero deberá hacer preguntas sobre las condiciones del suelo y cada agricultor deberá responder y explicar cómo el suelo está afectando a sus cultivos, por qué están apareciendo algunos problemas y cómo esto está afectando al **ecosistema** en general

Extensión: hagan unas notas breves sobre las respuestas o graben la entrevista y luego utilícenla para escribir un artículo sobre el suelo del país que hayan elegido. ¡Tal vez podrían hacer un periódico con todos sus artículos!

C.10 **MONÓLOGOS** Divídanse en dos grupos, un grupo deberá

NIVEL ③ ② ●

estar formado por agricultores y corporaciones que apoyan el **monocultivo** y el otro deberá estar formado por agricultores y otros grupos que consideran que el **monocultivo** es dañino para la sociedad y el medio ambiente. Pasen algo de tiempo investigando sobre esta cuestión y luego vuelvan a juntarse para desarrollar un apasionado debate que sustente sus posiciones.

¡BUENA IDEA!

C.11 BUSCANDO LA SUCIEDAD Formen equipos y salgan a

NIVEL ❸ ❷ ⬤

investigar diferentes tipos de **contaminación** o polución en su área, por ejemplo, la contaminación del agua (la cual también puede tomar la forma de **lluvia ácida**) y la contaminación del suelo. ¿Qué tan grande es este problema en su área? ¿Cuáles son las causas? ¿Está afectando a la **biodiversidad** del suelo? Si la respuesta es sí, ¿cómo? ¿Qué se puede hacer para prevenir este problema de **contaminación**? Presenten sus hallazgos en la forma de un reportaje de noticias.

C.12 MOSTRANDO ALGO BUENO La **Materia Orgánica del**

NIVEL ❸ ⬤ ⬤

Suelo (**MOS**) es esencial para la buena salud del suelo y también apoya el **secuestro de carbono**. ¿Por qué la **MOS** es tan importante para el suelo? ¿Cuáles son algunas de las mayores amenazas para la **MOS**? ¿Cómo se puede prevenir el daño a la **MOS**? Crea una presentación sobre tus hallazgos y compártela con tu grupo.

C.13 EL DEBATE SOBRE LA MG La Modificación Genética

NIVEL ❸ ⬤ ⬤

(MG) es una técnica donde la estructura de un **organismo** es manipulada por medio de la biotecnología. En muchos países, esta es ampliamente usada en la agricultura para hacer que los cultivos sean más resistentes a las plagas y a las enfermedades. Sin embargo, también es muy controversial, muchas personas aseguran que añade substancias dañinas a los cultivos y al suelo. Investiguen sobre esta cuestión y presenten sus hallazgos en grupo en forma de un reportaje de noticias. Incluyan fotografías o incluso un video para hacerlo más interesante.

C.14 Haz cualquier otra actividad aprobada por tu maestro, profesor o dirigente. NIVEL ① ② ❸

TOMA
ACCIÓN

HAZ LA **D.1.** O LA **D.2.** Y (AL MENOS) UNA ACTIVIDAD DE TU ELECCIÓN. LUEGO DE COMPLETAR NUESTRAS ACTIVIDADES DE **TOMA ACCIÓN**, TÚ:

* **ORGANIZARÁS** y **PARTICIPARÁS** en una iniciativa comunitaria para ayudar a proteger los suelos.

* **¡CONVENCERÁS** a otras personas de que se unan a los esfuerzos por proteger los suelos de la Tierra!

LA RED GLOBAL DE JÓVENES POR LA BIODIVERSIDAD

(GYBN, por sus siglas en inglés) es una red de organizaciones juveniles y de jóvenes de alrededor de todo el mundo que buscan integrarse y unirse en base al objetivo común de frenar la pérdida de biodiversidad tan pronto como sea posible: **www.gybn.net**

El sitio **'I HEART SOIL'** tiene algunos grandiosos videos y animaciones que explican la importancia del suelo: **www.iheartsoil.org**

El **AÑO INTERNACIONAL DE LOS SUELOS 2015** concientizará sobre la importancia de una gestión sostenible de los suelos como la base de los sistemas alimentarios, de la producción de combustible y fibra, de las funciones esenciales de los ecosistemas y de una mejor adaptación al cambio climático para las generaciones presentes y futuras: **www.fao.org/globalsoilpartnership/iys-2015/en**

ISRIC - INFORMACIÓN MUNDIAL DE SUELOS

proporciona datos sobre el suelo y mapeo de suelos, aplicación de datos sobre el suelo en cuestiones de desarrollo global, y formación y educación: **www.isric.org**

SAVE OUR SOILS es una campaña de Nature & More que busca crear conciencia en el consumidor sobre la importancia del suelo para nuestra salud, nuestra seguridad alimentaria y nuestro clima. Está tratando de concientizar a las personas sobre el problema de los suelos degradados y de dirigirlos hacia la búsqueda de soluciones: **www.saveoursoils.com**

SITIOS WEB

El **BURÓ DE GESTIÓN DE TIERRAS PARA NIÑOS** es un sitio divertido que te enseña todo sobre el suelo e incluye algunas actividades divertidas **www.blm.gov/nstc/soil/Kids**

El **CONVENIO SOBRE LA DIVERSIDAD BIOLÓGICA (CDB)** está trabajando para proteger la rica biodiversidad que vive en los suelos: **www.cbd.int/agro/soil.shtml**

FAO RECURSOS SOBRE EL SUELO es un portal donde puedes encontrar mapas y gráficos interesantes sobre el suelo: **www.fao.org/soils-portal/es**

LA ALIANZA MUNDIAL POR EL SUELO es un mecanismo que busca mejorar la gobernanza de los limitados recursos del suelo de nuestro planeta con el fin de garantizar la existencia de suelos saludables y productivos para la seguridad alimentaria, así como apoyar a otros servicios esenciales de los ecosistemas: **www.fao.org/globalsoilpartnership/es**

El sitio Web de **LA OLA VERDE** es una puerta de acceso hacia un emocionante proyecto de biodiversidad para jóvenes. Ofrece muchos recursos e historias sobre cómo los jóvenes de alrededor del mundo están celebrando a la biodiversidad: **www.greenwave.cbd.int**

HAZ UNA DE LAS DOS ACTIVIDADES OBLIGATORIAS ENUMERADAS A CONTINUACIÓN:

D.01 CELEBRACIÓN POR EL SUELO Organiza un día divertido, todo sobre el suelo. Pasa la voz al colocar volantes en tu escuela, en tu biblioteca local y en tu centro comunitario local o al publicar el evento en línea y en tus páginas de medios sociales. Invita a tus amigos, tu familia, tus vecinos y a los miembros de tu comunidad para que asistan. Para el evento del Día del Suelo, elabora carteles y charlas sobre todos los beneficios del suelo y los factores que dañan al suelo. También prepara algunos bocadillos y coloca etiquetas sobre el rol que el suelo jugó en su producción. Incluye juegos y anima a las personas a pensar sobre el rol que tiene el suelo en la belleza natural del planeta y en nuestras actividades recreativas. Si haces tu celebración el 5 de diciembre, serás parte de las celebraciones que se estarán realizando alrededor del planeta para apoyar al Día Mundial del Suelo.

NIVEL ③ ② ①

D.02 TRANSMITIENDO DATOS SOBRE EL SUELO Obtén autorización para exhibir una presentación sobre el suelo en un lugar público, como un parque o una plaza, y luego ponte a trabajar. Crea carteles que expliquen los factores que dañan al suelo y cómo estos afectan a las personas, a las plantas, a los animales y al medio ambiente en general. Incluye listas de control que recuerden a las personas sobre los cambios amigables con el suelo que pueden hacer en sus vidas. Muestra mapas que indiquen la cantidad de **degradación** del suelo que ya ha ocurrido en la Tierra. ¡Coloca los carteles y diles a todos los que conocen que vayan a ver la exhibición!

NIVEL ③ ② ①

MERKEZ GILEKKI KOYU, 14 años, TURQUÍA

ELIGE (AL MENOS) UNA ACTIVIDAD ADICIONAL DE LA SIGUIENTE LISTA:

D.03 GUÍA TURÍSTICA Lleva a un amigo que no conoce mucho sobre el suelo en un 'tour' guiado alrededor de tu jardín o de tu parque local. Enséñale algunos datos sobre el suelo, como la forma en que las plantas, los animales y nosotros, como humanos, dependemos de los suelos, y sobre la manera en que diferentes **organismos** trabajan juntos para ayudar a mantener saludable al suelo. Observen juntos para ver si pueden encontrar algunas lombrices, líquenes u otros miembros de la **red alimentaria** del suelo.

NIVEL ①

D.04 ¡MENOS BASURA! La basura puede ser extremadamente dañina para el suelo. Empieza a abrir los ojos para identificar la basura en tu ciudad. Piensa en cómo puedes prevenir que se arroje más basura. Comparte tus ideas con tu familia y tus amigos. Tal vez puedas organizar un día para recolectar basura con el fin de que más personas se concienticen sobre el tema. Con cuidado, recojan la basura y deséchenla adecuadamente, en un contenedor o tacho de basura ¿Algo de la basura es reciclable?

NIVEL ③ ② ①

¡BUENA IDEA!

¡Usen guantes y vestimenta protectora, si es apropiado!

D.05 JARDINERÍA VERDE Prepara un recipiente de **compost** para ayudar al suelo de tu jardín, de tu escuela o de tu bosque o parque local. Averigua cómo hacerlo: **www2.epa.gov/recycle/composting-home**. Lleva un diario sobre lo que estás poniendo en el recipiente y vigila a las plantas para ver si el **compost** hace una diferencia. Si no tienes acceso a un jardín, crea un póster con instrucciones sobre el **compostaje** y sobre su importancia en general y compártelo con amigos y miembros de tu familia que tengan jardines.

NIVEL ③ ② ①

¡BUENA IDEA!

D.06 VIGILANCIA EN CASA Empieza a monitorear las actividades de tu hogar que puedan tener repercusiones medio ambientales. Por ejemplo, ¿están dejando las luces prendidas en habitaciones vacías? ¿Los electrodomésticos sin usar se dejan conectados? ¿Las personas dejan la llave del agua corriendo mientras se lavan los dientes? Haz una lista de todo lo que notes y averigua cómo podría afectar al suelo, directa o indirectamente. ¿Cuáles son las repercusiones a largo plazo de esto? Habla con los miembros de tu familia y crea una lista de control con recordatorios para colocar en lugares prominentes alrededor de la casa.

D.07 PROTECCIÓN CONTRA LA CONTAMINACIÓN El agua contaminada puede causar daños serios a nuestros suelos. Prepara un póster que muestre y explique los efectos de la **contaminación** en los suelos y aquello que podemos hacer para prevenir una mayor polución y **contaminación**. Exhibe tu póster alrededor de tu escuela y en lugares de tu comunidad local, como en los almacenes, paradas de autobús, etc. Pide a tus amigos y a tu familia que compren productos de limpieza eco-amigables y artículos de higiene que no añadan muchos químicos al sistema acuático.

D.08 SÉ UN ECOTURISTA Investiga sobre algunos ejemplos de **ecoturismo** en tu país. ¿Cómo ayuda esto a proteger a los suelos? Diseña tu propia actividad de **ecoturismo** y pruébala con tus amigos y tu familia. Por ejemplo, podrían hacer una caminata en su área local y explorar su medio ambiente natural. Explica de qué manera los suelos son esenciales para nuestras experiencias en la naturaleza - ¡no podríamos sobrevivir sin los suelos!

D.09 ORGANIZÁNDOSE En grupo, investiguen sobre diferentes organizaciones que están trabajando en la conservación del suelo alrededor del mundo. ¿Qué tipos de proyectos están llevando a cabo? ¿Cuáles son algunas de las formas en las que han ayudado? Averigüen si estas organizaciones tienen actividades para jóvenes, sitios Web o campañas en las cuales se puede involucrar su grupo. Elijan una manera en la cual podría involucrarse su grupo y ¡háganlo!

D.10 DE SUELOS ORGÁNICOS Busca productos <u>orgánicos</u> o de comercio justo en tu supermercado local o en un mercado campesino local. ¿De dónde provienen los productos? ¿Fueron cultivados localmente o importados de agricultores ubicados al otro lado del mundo? ¿Cuáles son las ventajas y desventajas de cada situación? Además, ¿cómo podría la producción de estos bienes <u>orgánicos</u> y de comercio justo ser beneficiosa para los suelos y el medio ambiente en general? ¿Existe una diferencia de precio significativa entre estos y otros productos? ¿Por qué es este el caso? Junta tus hallazgos en forma de fotografías y gráficos y luego preséntalos a tus compañeros, a tus padres o a otros adultos. Anímalos a que compren más bienes <u>orgánicos</u> y de comercio justo, cuando sea posible.

NIVEL 3 2 ●

¡BUENA IDEA!

D.11 MEDIOS SOCIALES Usa una plataforma para crear blogs o un medio social para pasar la voz sobre los suelos. Publica datos y noticias interesantes sobre los suelos e informa a tu audiencia de formas divertidas y creativas. Publica fotos de los suelos de tu área con información sobre la calidad y la salud del suelo e invita a tus seguidores a que publiquen sus propias fotos sobre el suelo. Mira cuántos seguidores logras obtener. Trata de iniciar una vivaz discusión virtual sobre los suelos y sobre cómo podemos ayudar a conservarlos.

NIVEL 3 2 ●

D.12 EL SUELO EN ESCENA En grupo, elaboren un guión para una obra de teatro sobre una pequeña comunidad que depende principalmente del suelo para sobrevivir. Tal vez algunos de ustedes tienen ganado, mientras otros cultivan vegetales. Últimamente su aldea ha estado enfrentando daños al suelo. ¿Esto se debe al **cambio climático** o al **pastoreo excesivo**? ¿Cómo está afectando esto a sus vidas? ¿Cuáles son algunas soluciones? Dejen que su imaginación se libere y luego practiquen algunas veces antes de anunciar la obra en su comunidad y presentarla.

NIVEL 3 2 ●

D.13 Haz cualquier otra actividad aprobada por tu maestro, profesor o dirigente. NIVEL 1 2 3

Monitorea las actividades que estás emprendiendo con esta lista de control. ¡Cuando indiques que las has completado, te habrás hecho acreedor a la Insignia de los Suelos!

SUELO
INSIGNIA DE LAS NACIONES UNIDAS

TU NOMBRE: ....

TU EDAD: (1) (5 a 10 años) (2) (11 a 15 años) (3) (16+ años)

Actividad n.°	Nombre de la actividad	Completada en (fecha)	Aprobada por (firma del líder)
A Todo sobre el suelo			
B Los usos del suelo			
C El suelo en peligro			
D Toma acción			

RECURSOS
E INFORMACIÓN ADICIONAL

MANTÉNGASE ACTUALIZADO

Esta Insignia es uno de los varios recursos y actividades complementarios desarrollados por la YUNGA y sus socios. Por favor visite **www.fao.org/yunga** para obtener recursos adicionales o envíe un correo electrónico a **yunga@fao.org** para suscribirse al boletín informativo gratuito y recibir actualizaciones sobre nuevos materiales.

ENVÍENOS SUS NOTICIAS

¡Nos encantaría saber sobre su experiencia de llevar a cabo la Insignia! ¿Qué aspectos disfrutó usted particularmente? ¿Logró pensar en nuevas ideas de actividades? Por favor envíenos sus materiales para que podamos ponerlos a disposición de otros y reunir ideas sobre cómo podemos mejorar nuestros currículos. Contáctenos en **yunga@fao.org**.

CERTIFICADOS E INSIGNIAS

Envíe un correo electrónico a **yunga@fao.org** para solicitar los certificados y las insignias para ¡premiar la finalización del curso! Los certificados son GRATIS y las insignias se pueden comprar. Alternativamente, los grupos pueden imprimir sus propias insignias; la YUNGA estará feliz de proveer el formato y los archivos gráficos sin costo bajo pedido.

Asociación Mundial de las Guías Scouts (AMGS)

La Asociación Mundial de las Guías Scouts (AMGS) es un movimiento mundial que brinda educación no formal a niñas y mujeres jóvenes, quienes desarrollan aptitudes de liderazgo y para la vida mediante el desarrollo personal, el desafío y la aventura. Las guías y las guías scout aprenden por la acción. La Asociación está compuesta por asociaciones del guidismo y el escultismo femenino de 145 países y alcanza 10 millones de miembros alrededor del mundo. **www.wagggsworld.org/es/home**

Organización Mundial del Movimiento Scout (OMMS)

La Organización Mundial del Movimiento Scout (OMMS) es una organización independiente, mundial, sin fines de lucro ni filiación política, que sirve al movimiento scout. Su objetivo es promover la unidad y el entendimiento del propósito y los principios del escultismo, a la vez que promueve su expansión y desarrollo. **www.scout.org/es**

Alianza Mundial de la Juventud y las Naciones Unidas (YUNGA)

La YUNGA fue creada para permitir que los niños y los jóvenes se involucren y hagan una diferencia. Numerosos socios, incluyendo agencias de las NN.UU. y organizaciones de la sociedad civil, colaboran para desarrollar iniciativas, recursos y oportunidades para los niños y las personas jóvenes. La YUNGA también actúa como una puerta de acceso para permitir que los niños y los jóvenes se involucren en actividades relacionadas con las NN.UU., como los Objetivos de Desarrollo del Milenio (ODM), la seguridad alimentaria, el cambio climático y la conservación de la biodiversidad. **www.fao.org/yunga**

JEROME BOCCIA, 15 años, ITALIA

Esta insignia ha sido desarrollada con el gentil apoyo financiero de la Agencia Sueca de Cooperación Internacional para el Desarrollo (Sida).
www.sida.se

Esta insignia fue desarrollada en colaboración con y es respaldada por:

Secretaría del Convenio Sobre la Diversidad Biológica (CDB)
El Convenio sobre la Diversidad Biológica entró en vigor el 29 de diciembre de 1993 con el objetivo de conservar la biodiversidad, utilizarla de forma sostenible y compartir sus beneficios justa y equitativamente. La Secretaría del CDB gestiona las discusiones de políticas sobre biodiversidad, facilita la participación de países y grupos en procesos sobre biodiversidad y apoya la implementación del Convenio. **www.cbd.int**

Organización de las Naciones Unidas para la Alimentación y la Agricultura (FAO)

La FAO conduce los esfuerzos internacionales encaminados a mejorar el rendimiento agrícola a nivel mundial, a la vez que promueve la sostenibilidad del uso del agua para la producción de alimentos. Al brindar sus servicios tanto a países desarrollados como a países en desarrollo, la FAO actúa como un foro neutral donde todas las naciones se reúnen en pie de igualdad para negociar acuerdos y debatir políticas. La FAO es también una fuente de conocimientos y de información y ayuda a los países a modernizar y a mejorar sus políticas agrícolas con relación a la gestión de la tierra y el agua. **www.fao.org/climatechange/youth/es**

Alianza Mundial por el Suelo (AMS)

La Alianza Mundial por el Suelo es un mecanismo que busca mejorar la gobernanza de los limitados recursos del suelo de nuestro planeta con el fin de garantizar suelos saludables y productivos para alcanzar la seguridad alimentaria, así como apoyar a otros servicios de los ecosistemas esenciales. **www.fao.org/globalsoilpartnership/es**

Convención de las Naciones Unidas de Lucha Contra la Desertificación (CNULD)

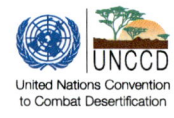

La desertificación, junto con el cambio climático y la pérdida de la biodiversidad, fueron identificados como los principales desafíos para el desarrollo sostenible durante la Cumbre de la Tierra de Río. En Río+20 en el 2012, los líderes mundiales acordaron luchar para alcanzar un mundo sin degradación del suelo con el fin de reducir las crecientes amenazas de desertificación, degradación del suelo y sequía. Establecida en 1994, la CNULD es el único acuerdo internacional jurídicamente vinculante que relaciona el medio ambiente, el desarrollo y la promoción de suelos saludables. Las 196 partes de la Convención trabajan para aliviar la pobreza en las tierras secas, para mantener y restaurar la productividad de la tierra y para mitigar los efectos de las sequías. **www.unccd.int**

AGRADECIMIENTOS

Una gran gratitud va dirigida a todos aquellos que hicieron de la Insignia de los Suelos una realidad. Nos gustaría agradecer particularmente a las diferentes organizaciones y a todos los entusiastas guías, scouts, grupos escolares e individuos de alrededor de todo el mundo, quienes realizaron atentamente las pruebas piloto y revisaron los borradores iniciales de la insignia.

Un agradecimiento especial va dirigido a Saadia Iqbal por preparar el primer borrador del texto, a Isabel Sloman por finalizar el folleto y a Ronald Vargas por su guía técnica y por revisar el contenido.

Gracias también a Emily Donegan, Chris Gibb, Alashiya Gordes, Kristin Grennan, Yukie Hori, Constance Miller, Marcos Montoiro, Neil Pratt, Manuela Ravina Da Silva, Chantal Robichaud y Reuben Sessa por sus contribuciones a esta publicación.

Este documento fue desarrollado bajo la coordinación y la supervisión editorial de Reuben Sessa, Coordinador de la YUNGA y Punto Focal para la Juventud de la FAO.

Algunas de las ilustraciones de este folleto son una selección de los más de 10 000 dibujos recibidos en varias competencias de dibujo. Visite nuestro sitio Web (www.fao.org/yunga) o regístrese en nuestra lista de correo gratuita (correo electrónico yunga@fao.org) para informarse sobre las competencias y actividades actuales.

SZE WAI KWAN, 19 años, HONG KONG, CHINA

RED ALIMENTARIA: una versión más complicada de una **cadena alimentaria**, la cual muestra que más de un animal puede tener la misma fuente de alimentos, lo que significa que diferentes **cadenas alimentarias** están interconectadas.

SALINIDAD: el nivel de sal en una substancia, como el suelo y el agua.

SECUESTRO DE CARBONO: el proceso natural de remover el **carbono** de la **atmósfera** y almacenarlo en algún otro lado, por ejemplo, en los suelos o en el océano.

SEQUÍA: un periodo largo de lluvia inusualmente baja, lo cual lleva a una **escasez de agua**.

SERVICIOS DE LOS ECOSISTEMAS: los beneficios que los humanos y el medio ambiente natural pueden obtener de los **ecosistemas** naturales. Existen cuatro tipos de servicios de los ecosistemas: de aprovisionamiento (por ej. proporciona alimentos y agua), de regulación (por ej. las raíces saludables de los árboles que se encuentran en el suelo ayudan con el control de las inundaciones), culturales (por ej. las personas disfrutan pasar tiempo en la naturaleza; algunas culturas adoran a la naturaleza o partes de esta) y de soporte (por ej. el **ciclo del agua** natural ayuda a mantener la vida sobre la Tierra).

SOSTENIBLE, SOSTENIBILIDAD: el estado en el cual nosotros los humanos usamos el medio ambiente natural para satisfacer nuestras necesidades sin provocar daños que no permitan que este continúe siendo productivo (que ya no pueda sustentar a la vida vegetal, animal o humana). Garantizar que nuestras acciones sean sostenibles significa que las futuras generaciones también serán capaces de vivir bien.

TERRESTRE: relacionado con la Tierra. ('Terra' significa 'Tierra' en latín - tanto en el sentido del 'suelo' como 'del mundo').

TIEMPO: las condiciones exteriores que se experimentan sobre una base de hora-a-hora o de día-a-día en un lugar específico, incluyendo la cobertura de nubes, la lluvia, la temperatura del aire, la presión del aire, el viento y la humedad (la cantidad de vapor de agua en el aire).

TIERRAS SECAS: regiones con baja lluvia.

TOPOGRAFÍA: las características físicas de un área.

VEGETACIÓN: las plantas y árboles de un área.

El sitio del Museo de Historia Natural del **INSTITUTO SMITHSONIANO** incluye datos interesantes y fotos sobre el suelo: **http://forces.si.edu/soils/02_01_00.html**

SOIL-NET posee una gran cantidad de información y recursos educativos sobre los suelos y su importancia. Echa un vistazo a sus guías para profesores y estudiantes, a sus casos de estudio y a sus ideas de actividades: **www.soil-net.com**

SOILS4KIDS incluye actividades divertidas, experimentos y juegos relacionados con los suelos: **www.soils4kids.org**

TUNZA: El Suelo - un elemento olvidado. El programa de la juventud del PNUMA (TUNZA) ha producido esta edición especial de su revista que trata sobre todo aquello que hay que saber acerca del suelo, presenta historias sobre jóvenes que están actuando para proteger a los suelos, estudios de caso y mucho más: **www.unep.org/pdf/Tunza_9.2_Spa.pdf**

La **CONVENCIÓN DE LAS NACIONES UNIDAS DE LUCHA CONTRA LA DESERTIFICACIÓN (CNULD)** es un acuerdo internacional legalmente vinculante que conecta el medio ambiente, el desarrollo y la promoción de suelos saludables. Revisa el sitio Web para obtener información sobre las tierras secas, sobre cómo mantener y restaurar la productividad de la tierra y cómo mitigar los efectos de la sequía: **www.unccd.int**

RECURSOS E INFORMACIÓN ADICIONAL

El **DECENIO DE LAS NACIONES UNIDAS PARA LOS DESIERTOS Y LA LUCHA CONTRA LA DESERTIFICACIÓN (2012-2020)** busca promover la acción para proteger a las tierras secas: **www.un.org/es/events/desertification_decade**

El sitio Web para niños del **DEPARTAMENTO DE AGRICULTURA DE LOS EE. UU.** contiene todo, desde planes de lecciones hasta proyectos de arte e ideas de conservación: **www.nrcs.usda.gov/wps/portal/nrcs/main/soils/edu/kthru6**

LA ASOCIACIÓN MUNDIAL DE GUÍAS SCOUTS (AMGS) es un movimiento mundial que brinda educación no formal a niñas y mujeres jóvenes, quienes desarrollan aptitudes de liderazgo y para la vida mediante el desarrollo personal, el desafío y la aventura. Las guías y las guías scout aprenden por la acción: **www.wagggsworld.org**

El **DÍA MUNDIAL PARA COMBATIR LA DESERTIFICACIÓN** se celebra el 17 de junio de cada año. En el 2014 el enfoque estuvo en lograr un suelo 'a prueba del clima' para las futuras generaciones: **www.unccd.int/en/programmes/Event-and-campaigns/WDCD/Pages/WDCD-2014.aspx**

LA ORGANIZACIÓN MUNDIAL DEL MOVIMIENTO SCOUT (OMMS) es una organización independiente, mundial, sin fines de lucro ni filiación política, que sirve al movimiento scout. Los scouts están haciendo un gran trabajo para proteger el suelo - aprende más en: **www.scout.org**

El **DÍA MUNDIAL DEL SUELO**, el cual se celebra el 5 de diciembre de cada año, resalta la importancia de los suelos para nuestro planeta y crea conciencia sobre la utilización sostenible de los suelos. Este video proporciona las ideas básicas sobre el suelo, aquello que se debe hacer y por qué deberíamos apoyar al Día Mundial del Suelo: **www.youtube.com/watch?v=TqGKwWo60yE**

El **FONDO MUNDIAL PARA LA NATURALEZA** está combatiendo la degradación del suelo alrededor del mundo:**http://worldwildlife.org/threats/soil-erosion-and-degradation**

GLOSARIO

ACIDIFICACIÓN: el proceso de hacerse ácido.

ÁCIDO: un ácido es una substancia que se disuelve en el agua y obtiene un pH de menos de 7. Los ácidos débiles pueden tener un sabor agrio y los ácidos fuertes pueden quemar tu piel. Los suelos ácidos se encuentran con frecuencia en las turberas o bajo los bosques boreales (bosques en el hemisferio norte).

AGREGADO: estas son partículas de tierra que están unidas entre ellas y usan la materia orgánica del suelo como 'pegamento' para mantenerse juntas. Los agregados varían tanto en tamaño como en forma dependiendo de las propiedades del suelo.

AGRICULTURA ORGÁNICA: un tipo de agricultura en la cual las frutas, los vegetales y el ganado con cultivados y criados usando sólo nutrientes naturales, como compost y estiércol, y métodos naturales de control de malezas y plagas, en lugar de usar pesticidas y fertilizantes químicos.

AGUA SUBTERRÁNEA: agua localizada debajo de la superficie de la Tierra. Este es el depósito de agua bebible más grande de la Tierra.

ALCALINIZACIÓN: cuando una substancia se hace básica (es decir, menos ácida).

ALCALINO: un alcalino es una base soluble. Los alcalinos se disuelven para obtener una solución con un pH mayor a 7. Los suelos alcalinos se encuentran donde existe mucha arcilla en el suelo o en medio ambientes de piedra caliza.

ARTRÓPODOS: animales que no poseen espina dorsal y que, en su lugar, presentan esqueletos externos. Por ejemplo, los insectos son artrópodos.

ATMÓSFERA: una capa de gases alrededor de la Tierra, los cuales se mantienen en su lugar gracias a la gravedad. Los gases que se encuentran en la atmósfera incluyen el oxígeno (el cual los humanos y los animales necesitan para respirar) y el dióxido de carbono (el cual las plantas necesitan para respirar).

ÁTOMO: todo en el mundo está hecho de minúsculas partículas llamadas 'átomos'. Estas partículas son como pequeños 'bloques de construcción'. Diferentes átomos se combinan para formar moléculas de diferentes substancias.

BASE, BÁSICO: una substancia que se disuelve y obtiene un pH de más de 7. Las bases débiles son jabonosas y resbalosas al tocarlas. Las bases fuertes pueden quemar tu piel. Un alcalino es un tipo de base.

BIODEGRADABLE: objetos o materiales que pueden ser <u>descompuestos</u> por bacterias o por otros <u>organismos</u> vivientes.

BIODIVERSIDAD: la variedad de todos los diferentes tipos de vida vegetal y animal de la Tierra y las relaciones entre estos.

BIOMASA: material vegetal y desechos de animales que se usan como una fuente de combustible o energía.

CADENA ALIMENTARIA: los vínculos entre una serie de <u>organismos</u> que muestran quién se come a quién o qué. Estos muestran cómo pasa la energía entre los individuos, empezando por los <u>productores primarios</u> (plantas). También lee <u>red alimentaria</u>.

CAMBIO CLIMÁTICO: un cambio en el estado general del <u>clima</u> de la Tierra causado tanto por procesos naturales como por actividades humanas. La acumulación de <u>gases de efecto invernadero</u>, como el <u>dióxido de carbono</u>, en la <u>atmósfera</u> de la Tierra es un ejemplo de cómo algunas actividades humanas (por ej. la producción de energía, el transporte, la agricultura y la manufactura de bienes) pueden acelerar el cambio climático.

CARBONO: una substancia muy importante de la cual depende toda la vida en la Tierra. El carbono se encuentra en casi todos los compuestos biológicos que forman nuestros cuerpos, sistemas, órganos y células. Todas las plantas tienen carbono como su elemento más importante. El carbono también se encuentra en el carbón vegetal, el petróleo, los plásticos y en la mina de un lápiz.

CICLO DEL AGUA: el movimiento continuo del agua de la Tierra, en, debajo y sobre su superficie.

CLIMA, CLIMÁTICO: este es el promedio a largo plazo, o el cuadro general, del <u>tiempo</u> que se presenta cada día en una ubicación específica.

COMBUSTIBLES FÓSILES: los combustibles fósiles se forman durante millones de años a partir de restos de plantas y animales prehistóricos. Los tres combustibles fósiles son carbón, petróleo y gas natural. Cuando quemamos combustibles fósiles para movilizar a los vehículos o para generar electricidad, se libera el <u>gas de efecto invernadero</u> denominado <u>dióxido de carbono</u> hacia la <u>atmósfera</u>, el cual contribuye al <u>cambio climático</u>.

COMPOST: materia <u>orgánica</u> <u>descompuesta</u> que se utiliza como un <u>fertilizante</u> de plantas.

CONDENSACIÓN: el proceso mediante el cual el gas o el vapor se enfría y se convierte en un líquido.

CONTAMINACIÓN: cuando un recurso, como el suelo o el agua, es ensuciado o contaminado mediante la introducción de otra substancia.

DEFORESTACIÓN: remover un bosque o parte de un bosque (por ej. al talarlo o quemarlo) y usar el terreno para algo más (por ej. para la agricultura o para construir sobre este).

DEGRADADO, DEGRADACIÓN: la degradación del suelo sucede cuando el suelo es dañado de una forma que reduce su fertilidad y lo hace menos productivo para el crecimiento de cultivos, así como menos diverso biológicamente (lee **biodiversidad**).

DESCOMPONER, DESCOMPOSICIÓN: el proceso de deshacerse o pudrirse (por ej. las hojas de un árbol se descomponen después de que se caen).

DESERTIFICACIÓN: la **degradación** de la tierra en áreas áridas (secas), semiáridas y secas sub-húmedas que resulta a causa de varios factores, incluyendo las variaciones **climáticas** y las actividades humanas. La desertificación causa la **degradación** del **ecosistema** natural y reduce la productividad agrícola.

DESIERTO: un área de tierra extremadamente seca en la cual menos de 250 mm de lluvia cae cada año. Los desiertos poseen muy poca cubierta de **vegetación**, en su lugar estos se caracterizan por presentar grandes superficies de suelo o arena expuesta o descubierta.

DIÓXIDO DE CARBONO (CO_2): un gas compuesto por **átomos** de **carbono** y **oxígeno**, el cual forma menos del uno por ciento del aire. El CO_2 es producido por los animales y utilizado por las plantas y los árboles. También es producido por actividades humanas, como la quema de **combustibles fósiles**. El CO_2 es un **gas de efecto invernadero** y puede acelerar el **cambio climático**.

ECOSISTEMA: una comunidad de **organismos** vivos (plantas y animales) y cosas no vivientes (agua, aire, tierra, rocas, etc.) que interactúan en un área específica. Los ecosistemas no poseen un tamaño definido: dependiendo de las interacciones en las cuales estés interesado, un ecosistema puede ser tan pequeño como un charco o tan grande como un **desierto** entero. En última instancia, el mundo entero es un ecosistema grande y muy complejo.

ECOTURISMO: el ecoturismo es un tipo de turismo que tiene un bajo impacto en el medio ambiente y que sustenta a los medios de vida locales. A los ecoturistas con frecuencia les gusta ir a áreas de belleza natural para disfrutar de la naturaleza.

ENCHARCAMIENTO: cuando la tierra agrícola está sumergida debido a que demasiada agua está presente como para que el suelo la absorba apropiadamente.

EROSIÓN: erosión significa 'desgastar'. Las rocas y el suelo se erosionan cuando son levantados o movidos por el hielo, el agua, el viento, la gravedad u otros agentes naturales o humanos. También lee meteorización.

ESCASEZ DE AGUA: los suministros de agua se consideran 'escasos' (muy pocos) cuando estos anualmente caen debajo de 1.000 metros cúbicos por persona por año (*fuente*: UN). ¡Eso no es ni siquiera media piscina olímpica por persona cada año!

ESCORRENTÍA: el flujo de agua que ocurre cuando el suelo está saturado, el exceso de agua de la lluvia, la nieve u otras formas de precipitación corre sobre la superficie de la tierra y, eventualmente, regresa a los ríos y al océano.

ESQUEMAS DE CERTIFICACIÓN: los esquemas de certificación establecen un conjunto de reglas y condiciones que garantizan que los recursos naturales sean producidos u obtenidos de forma justa y sostenible (sin dañar al medio ambiente).

FERTILIZANTE: una substancia natural o química que se añade al suelo o a la tierra para incrementar su fertilidad (la cantidad de cultivos que puede producir).

FIJACIÓN DE NITRÓGENO: el proceso de cambiar el nitrógeno atmosférico en compuestos que las plantas son capaces de absorber.

FOTOSÍNTESIS: un proceso biológico presente en las plantas y en las algas, este usa la luz solar como fuente de energía para convertir dióxido de carbono y agua en una fuente de alimento (azúcares y otros nutrientes útiles).

RECURSOS E INFORMACIÓN ADICIONAL

GASES DE EFECTO INVERNADERO: gases (como el **dióxido de carbono**, el metano o el ozono) cuya acumulación en la **atmósfera** previene que el calor se escape (como el vidrio de un invernadero). Las actividades humanas, como la producción industrial, la producción de energía y el transporte, han incrementado los niveles de gases de efecto invernadero en la **atmósfera** hasta tal punto que la temperatura promedio de la Tierra está empezando a aumentar: esto se conoce como **cambio climático**.

GEÓLOGO: un especialista en rocas.

GRAVEDAD: una fuerza que atrae a todo en la Tierra hacia su centro (¡y que previene que nosotros flotemos alrededor en el espacio!).

HÁBITAT: el medio ambiente local dentro de un **ecosistema** donde normalmente vive un **organismo**.

HONGO: un **organismo** que crece en el suelo, sobre material muerto o sobre otro hongo al descomponer materia **orgánica**. Este proceso significa que los **nutrientes** son reutilizados ('**reciclaje de nutrientes**'). Las setas, por ejemplo, son los frutos de unos tipos específicos de hongos.

HORIZONTES DEL SUELO: las varias capas del suelo.

HUMEDALES: tierra que está saturada (llena) con agua, como las ciénagas, las marismas o los pantanos.

HUMUS: la materia **orgánica** que se encuentra en el suelo.

INFILTRACIÓN: el proceso por el cual el agua de la superficie del suelo es absorbida dentro de la tierra.

INFRAESTRUCTURA: los edificios, los servicios y las instalaciones básicas requeridas para que una comunidad o sociedad funcione efectivamente, como los sistemas de transporte y comunicaciones, las líneas de suministro de agua y energía, y las instituciones públicas incluyendo las escuelas y las oficinas postales.

INORGÁNICO: material que no se deriva de **organismos** vivos.

IRRIGACIÓN: regar artificialmente la tierra o el suelo para permitir que las plantas y los cultivos crezcan cuando existe muy poca lluvia o suministro de **agua subterránea** para alimentarlos naturalmente.

LIQUEN: una planta simple formada por algas y **hongos** que crecen juntos.

LIXIVIAR, LIXIVIACIÓN: el proceso en el cual nutrientes solubles y otros materiales se disuelven o son removidos cuando el agua pasa por una substancia. En el suelo, los nutrientes se pierden cuando la precipitación o la irrigación los arrastra.

LLUVIA ÁCIDA: cualquier tipo de precipitación que contiene ácidos nítricos y sulfúricos, los cuales resultan de la quema de combustibles fósiles.

MANTILLO: la capa superior del suelo, de la cual las plantas obtienen la mayoría de nutrientes.

MATERIA ORGÁNICA DEL SUELO (MOS): la MOS está formada por materiales de plantas y animales muertos en varios estados de descomposición. La MOS está hecha principalmente de carbono orgánico, pero también contiene nutrientes que son esenciales para el crecimiento de las plantas. Lee también humus.

MATERIAL PARENTAL: el material subyacente (es decir, el lecho de roca) del cual se forman los horizontes del suelo.

METEORIZACIÓN: el desgaste de un material o substancia, como una roca o un suelo, debido a factores naturales (como el viento, la lluvia o las raíces de los árboles en crecimiento) o a factores humanos (como la contaminación química). A diferencia de la erosión, la meteorización sucede sin que el material sea movido.

MICROORGANISMO: una criatura demasiado pequeña para ser vista por el ojo humano por sí solo, pero que puede ser vista a través de un microscopio. Dentro de sus ecosistemas naturales, los microorganismos ayudan en el reciclaje de nutrientes.

MINERAL: una substancia sólida, inorgánica, que se forma en la naturaleza. Por ejemplo, el oro y la plata son minerales.

MOLÉCULA: cuando átomos individuales se juntan, estos forman pequeños grupos llamados 'moléculas'. Diferentes moléculas forman diferentes substancias. Por ejemplo, una molécula de dióxido de carbono está formada por un átomo de carbono (C) y dos átomos de oxígeno (O_2), es por esto que su nombre científico es CO_2.

MONOCULTIVO: la práctica agrícola de producir sólo una especie de cultivo o de planta en un área grande.

NITRÓGENO: en su forma más común, el nitrógeno es un gas incoloro, inodoro e insípido que forma cerca del 78 por ciento del aire que respiramos. El nitrógeno también existe como un compuesto en el suelo: las plantas dependen del nitrógeno en el suelo para desarrollar las proteínas y los <u>ácidos</u> que necesitan para que crezcan raíces, tallos, hojas, semillas y flores saludables.

NUTRIENTES: químicos que las plantas y los animales necesitan para vivir y crecer.

ORGÁNICO: de forma opuesta a las substancias <u>inorgánicas</u>, los materiales orgánicos se derivan de materiales u <u>organismos</u> vivos. Estos casi siempre contienen <u>carbono</u>.

ORGANISMO: una criatura viva, como una planta, un animal o un <u>microorganismo</u>.

OXÍGENO (O_2): un gas producido por las plantas y los árboles durante la <u>fotosíntesis</u> y usado por los humanos y los animales, quienes lo necesitan para respirar. Una <u>molécula</u> de oxígeno está formada por dos <u>átomos</u> de oxígeno (O_2).

PASTOREO EXCESIVO: se dice que la tierra ha sido pastoreada en exceso cuando demasiados animales se alimentan en esta área de tierra, de modo que su <u>vegetación</u> se pierde y está en riesgo de <u>erosión</u>.

PERFIL DEL SUELO: la combinación de todas las capas del suelo, desde arriba hacia abajo.

PH: una escala que se usa para medir cuán <u>ácida</u> o <u>básica</u> es una substancia. La escala varía de 0 (<u>ácida</u>) a 14 (<u>básica</u>) y un pH de 7 representa una substancia neutra.

POROS: los espacios entre las partículas de suelo o los <u>agregados</u>. Los suelos saludables contienen tanto 'macroporos' (espacios grandes) como 'microporos' (espacios pequeños).

PRECIPITACIÓN: el proceso mediante el cual el vapor de agua de la <u>atmósfera</u> se <u>condensa</u> y cae en forma de lluvia, cellisca, nieve o granizo.

PRODUCTORES PRIMARIOS: aquellos <u>organismos</u> en la base de una <u>cadena alimentaria</u> que hacen su propio alimento a partir de una fuente de energía primaria (por ej. las plantas que hacen su propio alimento en base a la luz solar mediante la <u>fotosíntesis</u>).

RECICLAJE DE NUTRIENTES: el continuo reciclaje de <u>nutrientes</u> a través de un <u>ecosistema</u>.